건강한 집밥을 책임지는
8 0 가 지   레 시 피

뚝딱 한 상 차림이 되는

감자
양파
두부
달걀

시대
인

PROLOGUE

2019년 여름. 하루에 재료 한 가지 시리즈 중 첫 번째, 『POTATO : 감자로 만드는 40가지 레시피』를 출간했습니다. 감자를 싫어하는 사람이 거의 없듯, 제 가족도 감자를 좋아해서 감자로 다양한 요리를 자주 만들었었는데요. 그래서 더욱 신나게 출간 작업을 했던 기억이 납니다.

제가 『POTATO』를 출간한 이후 『ONION』, 『BEAN-CURD』, 『EGG』가 연이어 출간되었습니다. 이 책들이 많은 분에게 한 가지 재료로 다양하고 맛있는 요리를 알려주고, 요리에 대한 즐거움을 선사해줬다고 생각합니다. 이번에 4권의 책에서 핵심 요리를 발췌하여 〈하루에 재료 한 가지〉 특별판을 출간하게 되었다는 소식을 들었을 때, 요리를 배우는 분들에게 또 한 번 특별한 기회를 드릴 수 있다는 생각에 마음이 들뜨는 것을 느꼈습니다.

맛있는 음식이란 무엇일까요? 저는 좋은 재료, 손맛, 정성과 사랑이 삼위일체 된 음식이라고 생각합니다. 좋은 재료는 주변에서 어렵지 않게 구할 수 있고, 손맛은 쉽게 얻을 수 있는 것이 아니지만 정확하고 맛있는 레시피를 만나면 해결할 수 있는 부분입니다. 좋은 재료와 맛있는 레시피가 준비되었다면, 이제 정성과 사랑으로 음식을 만들기만 하면 됩니다. 음식의 수준은 음식을 만들면서 들인 정성과 사랑에 의해 결정된다는 사실을 잊지 않기를 바랍니다.

이 책은 독자 여러분께 제 정성과 사랑을 전달해 주는 매개체가 되리라 생각합니다. 더하여 상세하고 꼼꼼한 레시피로 손맛까지 전달해 드릴 테니, 한 번 보고 책장에 꽂히는 요리책이 아닌 항상 주방에 두게 될 비법 요리책이 될 거라 믿습니다.

쟈스민_임정애

냉장고 속 몇 없는 재료로 삼시세끼를 뚝딱 차려주셨던 따뜻한 엄마의 밥상. 조미료 대신 자연 본연의 맛을 중요시 하셨던 엄마의 영향을 받아 요리에 관심을 갖게 되었는데요. 조금 더 쉽고 건강한 음식을 만들고자 레시피를 연구하다 보니 어느새 쿠킹 크리에이터가 되었습니다.

저의 첫 요리 도서 출판은 하루에 재료 한 가지, 두 번째 시리즈인『ONION : 양파로 만드는 40가지 레시피』였습니다. 요리의 부재료로 쓰이던 양파를 주제로 세대를 뛰어넘는 다양한 레시피를 선보였었죠. 다시 한 번 더 시대인과 좋은 인연을 통해 각 시리즈의 특별판으로 많은 분과 함께 따뜻하고 건강한 밥상을 나눌 수 있음에 감사드립니다. 또한 각 시리즈의 작가님들과 함께 활동할 수 있음도 감사하게 생각합니다.

제가 맡았던,『ONION』의 주재료인 양파는 평소에도 즐겨 먹었던 재료였기 때문에 레시피를 만드는 동안 어려움보다 즐거움이 더 컸던 것 같습니다. 자연채광을 고집해 날씨가 좋은 때만을 기다리며 열심히 양파요리를 만들었던 지난날이 생각납니다. 가족들과 주변의 많은 응원 속에서 하루하루, 쌓아갔던 레시피를 이렇게 특별판으로 다시 만나게 되어 저조차도 무척 설렙니다. 저를 기다려주시고 응원해주신 많은 지인분과 제 요리를 봐주시는 블로그 이웃님들에게 감사의 말씀을 드리고 싶습니다.

양파의, 양파에 의한, 양파를 위한 알찬 레시피들을 보시고, 여러분도 건강한 한 상 차림을 맛보시면 어떨까요? 여러분에게 저의 사랑과 정성이 가득 담긴 레시피가 잘 전달되길 바랍니다. 감사합니다.

엄딸스토리_이현정

PROLOGUE

『BEAN-CURD : 두부로 만드는 40가지 레시피』를 출간한 지 조금 있으면 1년이 다 되어 갑니다. 그동안 두부요리에 대해 더 많은 아이디어도 생겼고, 같은 메뉴라도 다양한 방식으로 새롭게 요리해보는 시도도 늘어났어요. 여러모로 책 출간은 제게 좋은 에너지를 준 것 같습니다.

저는 두부를 마법의 음식 재료라고 생각합니다. 생으로 먹을 수도 있고, 다양한 요리법으로 반찬, 국, 찌개, 간식, 근사한 메인요리는 물론 술안주나 다이어트 식단까지. 할 수 있는 요리가 무궁무진하기 때문이죠. 또한 어린아이부터 소화기가 약한 어르신까지 모두 먹기 좋은 부드러운 식감과 풍부한 영양소를 함유하고 있어 한국인의 밥상에서 아주 친숙하면서도 고마운 음식 재료가 아닐 수 없습니다.

영양소가 풍부한 두부는 시중에서 쉽게 구매할 수 있어서 항상 냉장고에 자리하고 있습니다. 두부조림이나 두부구이, 두부김치 등 두부로 만들 수 있는 요리들이 아주 많이 떠오르는데요. 그래서인지 냉장고에 두부가 있으면 반찬 걱정을 덜 하게 되는 것 같습니다. 집밥의 중요성이 대두되고 있는 요즘, 두부로 소박하지만 따뜻한 온기가 느껴지는 '집밥'을 만들어보는 것은 어떨까요.

두부를 활용해 수십 가지의 요리를 만들 수 있지만, 이 책에서는 기존의 『BEAN-CURD』에서 가장 인기 있고, 소개해드리고 싶은 레시피 20가지를 선택했습니다. 따라 하기 쉬우면서도 두부 본연의 맛을 최대한 살려낸 맛있는 레시피로 여러분의 식탁이 풍요로워지길 바랍니다.

낭만미미_김지은

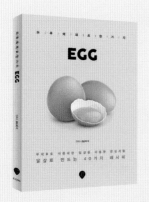

　우리의 식탁에서 빠질 수 없는 식재료가 있다면 바로 달걀이 아닐까 싶습니다. 그만큼 조리 방법도 쉽고 맛도 있어서 많은 사람에게 사랑을 받고 있다고 할 수 있는데요. 그래서인지 『EGG : 달걀로 만드는 40가지 레시피』를 작업하는 과정이 어렵고 힘들지만은 않았습니다.

　처음에 '달걀'이라는 주제로 출간 제안을 받았을 때 반가운 마음이 먼저였어요. 삶은 달걀이나 달걀프라이는 물론 탕에 넣어 먹고, 찜으로 쪄먹고, 전으로 부쳐 먹고, 기름에 튀겨 먹고…. 식탁 위 반찬이 어딘가 2% 모자란 느낌이 들 때면, 달걀요리가 완벽하게 채워주곤 했습니다. 저 민쿡스의 식탁에도 말이죠. 우리 가족도 아주 좋아하는 달걀요리를 많은 분께 소개해드릴 수 있다는 것이 즐겁고 행복했습니다.

　달걀은 우리나라뿐만이 아니라 세계적으로 남녀노소 누구나 좋아하는 재료입니다. 하지만 주변을 둘러보면 달걀말이, 달걀찜, 달걀국 등 만드는 메뉴는 늘 한정되어 있더라고요. 달걀로 만들 수 있는 음식이 아주 많은데 그걸 사람들이 모르고 있다는 게 너무 아쉬워서, 한 그릇 음식부터 간단한 반찬, 폼나는 브런치, 다양한 세계 이색 요리까지 가득 담아 책을 출간했습니다.

　그런 의미에서 이번 '하루에 재료 한 가지' 시리즈의 특별판은 많은 사람에게 도움이 될 것 같습니다. 너무 익숙한 재료라 늘 만들던 음식만 만들었었다면 이번 특별판으로 새로운 음식에 도전해보는 건 어떨까요? 믿고 볼 수 있는 요리책으로 여러분의 식탁을 건강하고 풍성하게 채울 수 있기를 바랍니다.

민쿡스_김순희

CONTENTS

PART 2

양파 ONION

CONTENTS

PART 4

달걀 EGG

CHAPTER 1 달걀 이야기

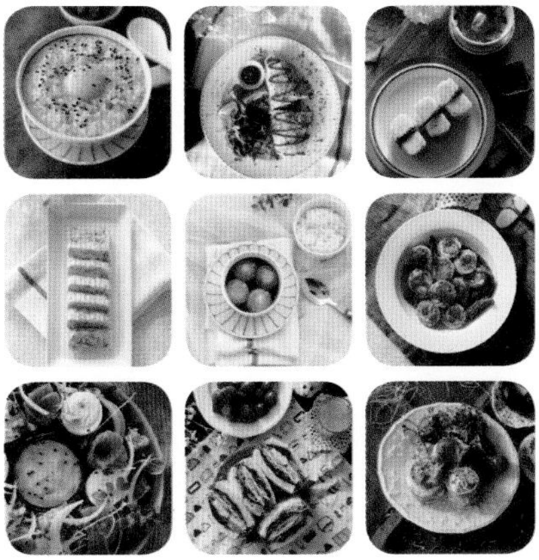

CHAPTER 2 달걀로 만드는 한 상

PART. 1

감자
POTATO

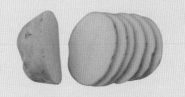

CHAPTER 1

감자
이야기

🥔 감자 이야기 ────────────

■ 감자의 유래

감자는 대표적인 구황작물로 벼·밀·옥수수와 함께 세계 4대 식량 작물로 잘 알려져 있습니다. 과거에는 흉년이 들어 먹을 것이 없을 때 주린 배를 채워주는 역할을 하였는데요. 현재는 남미, 독일, 영국 등에서 감자를 주식으로 이용할 만큼 전 세계인의 사랑을 받고 있습니다. 우리나라 역시 감자로 유명한 강원도에서 '썩어도 버릴 것이 없는 것은 감자와 명태뿐'이라는 말이 있을 정도로 매우 다양하게 사용되고 있습니다.

감자가 처음 재배된 시기는 약 1만 년 전으로, 학자들은 감자가 남미에서 기원하여 안데스 전역에서 재배된 것으로 추정하고 있습니다. 우리나라의 감자에 대한 기록을 살펴보면, 약 200년 전인 순조 24년(1824년)에 산삼을 캐러 함경도에 들어왔던 청나라 사람이 가져왔다고 하는데요(이규경, '오주연문장전산고(五洲文長箋散稿), 1850년). 이에 따르면 "북저(北藷)는 토감저(土甘藷)라 하며, 순조 24~25년에 관북(關北)인 북계(北界)에서 처음 전해진 것으로 청나라 채삼자(採蔘者)가 우리 국경에 몰래 침입하여 산골짜기에 심어 놓고 먹었는데, 그 사람들이 떠난 후에 이것이 많이 남아 있었다. 잎은 순무 같고 뿌리는 토란과 같다. 무엇인지 알 수 없으나 옮겨 심어보니 매우 잘 번식한다."라고 적혀 있습니다.

감자는 누구나 좋아하는 건강식품으로 어떤 음식과 함께 조리해도 맛있고 감자로 만들 수 있는 음식의 종류 또한 매우 다양합니다. 세계적으로 가장 인기 있는 감자요리를 꼽으라면 '프렌치프라이'를 들 수 있는데요. 만들기도 쉽고 맛 또한 좋아서 전 세계 감자 소비의 30%를 차지할 만큼 폭발적인 인기를 구가하는 음식입니다. '프렌치프라이'라는 이름 때문인지 프랑스에서 유래된 것이라는 오해를 받고 있는 이 음식은 사실 벨기에의 길거리 음식인 '프리테(Frites)'가 원조입니다. 프리테가 유럽 전역에 퍼질 때쯤 1차 세계 대전이 일어났고, 당시 참전 미군들이 본국으로 귀국하여 전파한 음식이 지금의 프렌치프라이입니다.

프렌치프라이의 뒤를 이어 인기를 끌고 있는 메뉴는 감자칩입니다. 감자칩은 약 20조 원으로 추산되는 세계 스낵 시장의 30%를 차지하며, 국내에서도 약 7,000억 원의 스낵 시장 중 25%를 차지한다고 합니다. 정말 어마어마한 수치가 아닐 수 없는데요. 이 감자칩은 사실 1850년대 뉴욕 반달호텔의 주방장 조지 크럼이 요리에 곁들인 감자가 두껍다고 불평한 고객의 코를 납작하게 해주려고 만든 것에서 시작되었다고 합니다. 세계에서 큰 사랑을 받고 있는 감자칩이 한 주방장의 사소한 복수심에서 만들어졌다고 하니 정말 재미있는 일입니다.

이처럼 다양한 이야기를 가지고 있는 감자에 대해 조금 더 자세히 알아보겠습니다.

■ 감자의 영양

독일의 위대한 작가 괴테는 "신대륙에서 온 것 중에 악마의 저주와 신의 혜택이 있다. 전자는 담배이고 후자는 감자다."라는 말을 남겼다고 합니다. 그만큼 감자는 우리에게 없어서는 안 되는 작물로 자리 잡았는데요. 감자는 녹말이 주성분인 알칼리성 식품으로, 철분, 칼륨 및 마그네슘 같은 중요한 무기 성분과 비타민C를 비롯한 비타민B복합체를 골고루 가지고 있습니다. 이들 성분은 사람의 에너지원으로 중요하게 작용할 뿐만 아니라 성장과 건강을 돕습니다. 이것만 보더라도 감자가 우리에게 얼마나 유용한 식품인지 알 수 있습니다.

■ 감자의 효능

1. 다이어트

호주 시드니 대학에서 발표한 '음식에 따른 포만도에 대한 조사' 결과를 보면 여러 가지 음식을 같은 칼로리만큼 먹었을 때, 감자의 포만도가 가장 높았다고 합니다. 이런 결과를 토대로 보면 감자는 포만감이 높으면서도 칼로리는 적고, 영양은 풍부하기 때문에 훌륭한 다이어트 식품이라고 할 수 있습니다. 실제로 감자의 주성분인 전분은 소화가 어려운 형태로 되어 있기 때문에 100g당 열량이 72kcal로 밥(145kcal)에 비해 절반가량에 불과합니다. 또한 식이섬유 함량이 높아 지방과 당의 흡수를 방해하여 성인병을 예방하는 다이어트 식품으로 입지를 넓히고 있습니다.

2. 암 예방 효과

감자는 암을 예방하는 데도 탁월한 효과가 있는 식품입니다. 감자에는 비타민B$_6$, 판토텐산$^{Pantothenic acid}$, 비타민C 등이 풍부하게 포함되어 있기 때문인데요. 비타민B$_6$와 판토텐산은 암 예방에 중요한 작용을 하는 임파세포를 만드는 임파조직을 강화하는 데 큰 도움을 줍니다. 감자를 주식으로 먹는 나라에는 영양결핍증이 거의 없고 장수자가 많다는 것을 봤을 때, 감자가 암 예방과 무관해 보이지는 않습니다.

■ 감자의 종류

맛도 좋고 영양도 좋아 누구에게나 사랑받는 건강식품 감자를 이용한 요리는 무궁무진합니다. 튀기고, 삶고, 굽고, 찌는 등 다양한 활용법이 있는데요. 여기서 잠깐! 요리 방법에 따라 감자의 종류를 가려 써야 한다는 사실, 알고 계신가요? 감자의 종류에 대해 아직은 생소한 분들이 많을 텐데, 감자에는 어떤 종류가 있으며 어떤 요리에 사용하면 좋은지 알아보겠습니다.

닭볶음탕에 넣은 감자가 사라졌다면 너무 오래 삶았기 때문일까요? 바삭한 프렌치프라이를 먹고 싶었는데 축 늘어진 눅눅한 감자튀김이 된 것은 튀기는 기술이 부족해서 일까요? 포슬포슬한 찐 감자를 먹고 싶었는데 쫀득쫀득한 식감은 또 뭘까요? 이는 요리에 따른 감자의 선택이 잘못되었기 때문입니다. 우리나라 감자는 크게 세 가지로 나눌 수 있습니다.

점질감자, 분질감자, 중간질감자

점질감자는 전분 함유량이 적은 대신 아밀로펙틴^{amylopectin}이 대부분이며 수분이 많습니다. 아밀로펙틴은 풀처럼 굳는 성질이 있어 쫀득한 점성을 가지고 있고, 열과 수분에 강해 단단히 뭉치는 성질이 있습니다. 이런 성질 때문에 수분이 있는 조림이나 찌개, 볶음 등에 사용하면 감자가 부서지지 않아 좋습니다.

반면 **분질감자**는 전분 함유량이 많고 아밀로오스^{amylose} 함량도 높습니다. 아밀로오스는 분자구조가 일(─)자로 되어있어 뭉치지 않고, 물을 만나면 부풀다가 으스러지며 결국에는 흩어져버리는 성질을 가지고 있습니다. 수분이 적은 요리인 샐러드나 감자튀김, 포슬포슬한 찐 감자를 만들 때 사용하면 좋습니다.

전분 함유량이 점질감자와 분질감자의 중간 정도 되는 품종(**중간질감자**)이 있습니다. 우리가 많이 들어 본 '수미'라는 품종인데요. 우리나라 감자 생산량의 70%를 차지하고 있으며, 너무 단단하지도 으스러지지도 않는 장점이 있어 여러 가지 요리에 다양하게 사용합니다.

현재 국내에서 생산되는 감자의 품종은 대략 30종이 넘는데, 그중 대표적인 감자의 품종을 몇 가지 설명해드리겠습니다.

1. 점질감자

추백(2%)

점질감자로 가을감자 품종입니다. 주로 조리용으로 쓰이며 수미보다 10일 이상 빨리 수확합니다. 시장에서는 '물 감자'라 불리며 맛이 맹맹합니다.

대지(15%)

점질감자로 가을감자 품종입니다. 일본에서 들여온 것으로 제주도에서 주로 재배되는데, 병 발생이 많고 맛이 떨어져 생산 면적이 점차 줄어들고 있습니다.

서홍(1%)

점질감자로 껍질은 붉은색이며 속살은 흰색입니다. 새롭고 특별한 것을 추구하는 소비자들의 다양한 기호에 부응하는 품종이라고 할 수 있습니다. 감자를 쪄서 먹을 때의 맛과 향, 식감은 수미와 비슷합니다.

자영(0.5%)

안토시아닌^anthocyanin이 풍부한 보라색 감자입니다. 자영은 감자 특유의 아린 맛이나 비린 맛이 없어 샐러드나 냉채, 즙 등으로 먹으며 항암 작용에 효과적인 감자로도 유명합니다.

2. 분질감자

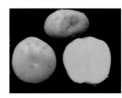

새봉(0.3%)

분질감자인 새봉은 당도가 높고 속살은 흰색입니다. 일반적인 식용뿐만 아니라 감자칩 등의 가공용으로도 활용할 수 있는 장점이 있습니다.

대서(4%)

분질감자로 가을감자 품종입니다. 감자칩용으로 가장 많이 재배되며 수미 다음으로 많이 심는 품종입니다. 감자칩이나 프렌치프라이는 대부분 대서를 이용해 만듭니다.

고운(0.2%)

분질감자인 고운은 감자칩 원료의 안정적인 공급을 위해 개발된 가공용 품종입니다. 감자칩용으로 가장 많이 재배하는 대서가 가을재배만 가능한 데 반해 고운은 봄과 가을에 두 번 재배할 수 있는 특징이 있습니다.

두백(4%)

분질감자인 두백은 과자 업체인 '오리온'에서 감자칩 생산을 위해 자체 개발한 품종입니다. 포슬포슬한 찐 감자를 먹고 싶을 때 제격입니다.

하령(0.5%)

분질감자인 하령은 대서와 수미를 교배하여 육성한 품종입니다. 속살은 황색으로 감자를 쪘을 때 분이 많고 맛이 좋아 우리 기호에 맞는 품종입니다.

3. 중간질감자

수미(70%)

우리나라 감자의 약 70% 정도를 차지하는 대표 감자입니다. 점질 감자와 분질감자의 특성을 동시에 갖춘 중간질감자로 대부분의 한국 음식에 적합하고, 국내 어디서나 잘 자라서 '게으른 농부도' 키울 수 있는 품종'입니다. 맛이 다소 맹맹하다는 점과 점질에 가까운 중간질이라 분질의 장점이 약하다는 단점이 있습니다.

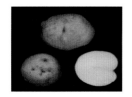

조풍(1%)

중간질감자인 조풍은 담황색의 속살을 가지고 있으며 쫀득한 식감과 단맛이 특징으로 감자옹심이에 적격인 품종입니다. 수미와 맛은 비슷하면서도 잘 부서지지 않아 감자전이나 조림, 볶음요리에 많이 쓰입니다.

4. 수입감자

시중에서 쉽게 구입할 수 있는 수입 감자로는 러셋 버뱅크(Russet burbank)가 있습니다. 보통 아이다호 감자(Idaho potato) 혹은 베이킹 감자(Baking potato)라고도 불립니다. 미국을 대표하는 감자로 크기가 크고 수분이 적어 튀김에 적합할 뿐만 아니라 전분이 많은 분질감자이기 때문에 튀겼을 때 바삭바삭한 식감을 얻을 수 있습니다.

5. 돼지감자

'뚱딴지'라고도 부르는 돼지감자는 국화과에 속하는 여러해살이풀로 가지과에 속하는 감자와 구분됩니다. 북아메리카가 원산지인 돼지감자의 이눌린^{inulin} 성분은 천연 인슐린 효과가 있어 혈당을 낮추고 콜레스테롤을 개선해주어 '당뇨 감자'라고 불리기도 합니다. 주로 말려서 차로 마시며, 맛이 없는 편이라 요리로는 잘 해먹지 않습니다.

감자는 주로 위와 같은 품종으로 나뉘지만 소비자가 시장에서 품종으로 감자를 구매하기는 쉽지 않습니다. 몇몇 종을 제외하고는 모양이 비슷한 데다가 우리나라 감자 생산량의 70%가 수미이기 때문입니다. 물론 수미는 점질감자와 분질감자의 특성을 모두 가지고 있어 대부분의 요리에 무난하게 사용할 수 있지만, 제대로 된 음식을 만들고 싶거나 다양한 감자를 맛보고 싶은 감자 마니아라면 품종을 확인해 구입하는 것도 좋습니다. 가락동 농산물 시장이나 인터넷 쇼핑몰에서는 감자의 품종으로도 구매할 수 있습니다.

시중에는 '흙감자', '햇감자', '알감자'로 유통되는 감자가 있습니다. 이들은 품종이 따로 있는 것이 아니라 유통과정이나 모양에 따라 부르기 쉽게 만든 명칭입니다. '흙감자'는 황토 토양에서 자라 흙이 묻은 채 유통되는 것으로 일반 토양에서 자란 감자와 같은 품종이라 하더라도 상대적으로 조금 더 분질성을 띠는 경우가 많습니다. '햇감자'는 말 그대로 올해에 수확한 감자를 말합니다. 감자를 오래 저장하면 수분이 날아가 맛이 농축되지만 전분 함량은 다소 떨어지는데, 햇감자는 상대적으로 전분이 많다고 생각하면 됩니다. 마지막으로 '알감자'는 감자를 캐는 과정에서 크기가 작은 것을 선별해 조림용으로 따로 유통시키는 감자로 품종에 따른 차이는 없습니다.

🥔 감자요리의 기본 ─────────

■ 좋은 감자 고르기

감자는 껍질이 얇고 색이 일정하며, 단단하고 울퉁불퉁하지 않은 비교적 매끈한 감자가 신선한 감자입니다. 껍질이 일어난 감자는 너무 일찍 수확한 감자로 맛이 들지 않아 무르고 싱거울 수 있고, 흠집이 있거나 젖은 감자는 금방 썩기 때문에 오래 보관할 수 없으며 다른 감자도 썩게 만드니 피하는 것이 좋습니다. 검은 반점 등이 있는 감자는 병든 감자일 수 있으며, 녹색을 띠거나 싹이 난 감자는 독성을 가지고 있으니 피하는 것이 좋습니다.

■ 감자 손질법

① 감자는 흐르는 물에 깨끗이 씻어 껍질에 묻은 흙을 털어냅니다.
② 용도에 따라 껍질째 사용하거나 껍질을 벗깁니다.
③ 감자의 눈(싹이 나는 부분)을 깔끔하게 도려냅니다.
④ 껍질을 벗긴 감자의 경우 찬물에 담가 보관합니다(갈변 방지, 감자 표면의 녹말 제거).

• 감자 써는 방법

① 편 썰기(슬라이스)
채 썰기 전 단계, 감자 테린 등

② 채 썰기
감자채볶음, 감자채전 등

③ 반달썰기
수제비, 생선조림, 볶음요리 등

④ 깍둑썰기
감자조림, 찌개, 카레라이스 등

⑤ 웨지 썰기
감자튀김, 오븐요리 등

⑥ 큼직하게 썰어 모서리 다듬기
닭볶음탕, 찜 요리 등

■ 감자 삶는법

• 영양 손실 없이 포슬포슬하게 감자 삶는법

감자의 비타민C는 열에 의해 잘 파괴되지 않지만 수분에 의해서 손실이 일어나기 때문에 물에 담가 삶는 것보다는 증기를 이용해서 찌는 것이 비타민C를 효과적으로 보존하는 방법입니다. 하지만 지금은 간단하게 물에 넣어 삶으면서도 영양의 손실 없이 감자를 삶을 수 있는 방법을 소개해드리겠습니다. 보통 감자를 찌면 균일하게 소금 간을 할 수 없지만 이 방법으로 감자를 삶으면 감자에 골고루 간이 배어 그냥 삶기만 했는데도 맛이 훨씬 좋아집니다. 이때 주의해야 하는 점은 감자의 껍질을 벗기지 않은 상태에서 깨끗이 씻은 후 그대로 삶아야 한다는 것입니다. 감자의 껍질을 벗긴 다음 삶으면 영양의 손실도 크고, 삶는 과정에서 전분이 빠져나간 빈 자리에 수분이 침투해 맛도 떨어집니다.

+ Ingredients ─────

재료
감자 500g
소금 1t
물 적당량

+ Cook's tip ─────

• 감자를 삶는 중간에 감자가 익었는지 확인하기 위해 젓가락으로 찔러보는 경우가 있는데, 이러면 젓가락으로 찌른 구멍으로 물이 스며들어 감자의 맛이 떨어질 수 있습니다.

• 약한 불에서 수분을 날리면서 익히면 더욱 포슬포슬한 감자를 만들 수 있습니다.

+ Directions ─────

깨끗이 씻은 감자를 냄비에 넣어 감자가 2/3 정도 잠기도록 물을 부은 다음, 소금을 넣고 뚜껑을 덮어 삶습니다.

처음엔 센 불로 삶다가 물이 팔팔 끓어오르면 중간 불로 줄여 물이 거의 없어질 때까지 약 30분간 삶습니다. 이렇게 하면 물에 의해 손실되는 영양분을 최소화할 수 있습니다.

물이 거의 없어지면 불을 약하게 줄이고 뚜껑을 열어 남은 수분을 날리면 완성입니다.

■ 감자 저장법

감자는 온도 1~4℃, 습도 70~80%에서 보관하는 것이 가장 좋습니다. 감자를 저장하는 방법으로는 상자 저장, 시렁 저장, 땅속 저장 등이 있는데요. 시렁 저장과 땅속 저장은 일반 가정에서 적용하기 어려우니 상자 저장을 추천합니다. 상자 저장은 말 그대로 종이상자에 감자를 저장하는 방법으로, 상자에 감자가 나오지 않을 만한 크기의 바람구멍을 만들어 저장하는 것입니다. 이때 상자에 감자를 너무 가득 담아두면 통풍이 잘 안되어 감자 속살이 검게 변하거나 썩게 됩니다. 감자는 상자의 1/2~2/3 정도만 채우는 것이 좋으며, 통풍이 잘되고 서늘한 곳에 보관하도록 합니다.

상자 저장을 할 때 작은 팁을 드리자면 감자 사이에 사과를 한두 개 넣어 두는 것이 좋습니다. 사과에서 나오는 에틸렌 가스가 감자의 싹이 나는 것을 억제하는 효과가 있어 조금 더 오래 보관할 수 있기 때문입니다. 만약 껍질을 벗긴 감자가 남았을 경우에는 찬물에 담가 식초 몇 방울을 떨어뜨린 다음 냉장고에 넣어 보관합니다. 이렇게 하면 3~4일은 문제없이 보관할 수 있습니다.

CHAPTER 2

감자로
만드는 한 상

감
자
밥

포근포근한 감자와 쌀, 보리, 콩 등을 넣고 지은 감자밥은 왠지 어릴 적 추억이 생각나는 음식입니다. 짭조름한 양념장에 슥슥 비벼먹으면 감자를 좋아하지 않는 분들도 맛있게 한 끼를 해결할 수 있는 소박한 별미입니다.

+ Ingredients

감자밥
감자 300g(2~3개)
쌀 1컵
보리 1컵
검은콩 1/4컵
물 2컵

양념장
간장 2T
매실청 1T
물 1T
고춧가루 1t
다진 부추 3T
다진 양파 1T
다진 풋고추 1T

다진 쪽파 1T
다진 마늘 1T
깨소금 1t

+ Cook's tip

- 감자밥에 들어가는 곡류는 완두콩, 찹쌀, 귀리, 현미 등 자신이 좋아하는 곡류를 다양하게 넣어 만듭니다.
- 냄비 밥이 어렵다면 압력밥솥에 잡곡밥 코스로 감자밥을 지으면 됩니다.

안심Touch

재료를 준비합니다. 감자는 껍질째 깨끗이 씻고 쌀과 보리, 검은콩도 씻어 준비합니다.

감자는 먹기 좋은 크기로 깍둑 썹니다. 감자를 너무 작게 썰면 밥을 섞는 과정에서 으깨질 수 있으니 주의합니다.

볼에 쌀과 보리, 검은콩을 넣고 물 2컵을 부어 1시간 이상 불립니다.

작은 볼에 분량의 양념장 재료를 모두 넣고 섞어둡니다.

가마솥 혹은 냄비에 불린 쌀과 보리, 검은콩을 넣고 적당히 자른 감자를 올린 다음 남은 물을 부어 냄비 밥과 같은 방법으로 밥을 짓습니다.

센 불로 끓이다가 밥물이 넘치려고 하면 중간 불로 줄이고, 밥물이 자작해지면 약한 불로 줄여 10분간 뜸을 들입니다. 그다음 불을 끄고 잘 섞어 양념장과 곁들이면 완성입니다.

맑은 감잣국

맑은 감잣국은 감자 본연의 맛을 가장 잘 살린 음식입니다. 부드
럽고 담백한 맛에 어떻게 보면 심심하다고 느낄 수 있지만 먹을수
록 감자 본연의 맛을 알게 되는 묘한 매력을 가진 음식입니다.

+ Ingredients

맑은 감잣국
감자 300g(3개)
참기름 1/2T
다진 마늘 1/2T
양파 1/2개
대파 1/2대
표고버섯 1개
달걀 2개

국간장 1T
소금 1/4t
후춧가루 약간

다시마물
물 6컵
다시마(10cm×10cm) 2장

+ Cook's tip

- 풀어지지 않고 쫀득한 식감의 감자를 원한다면 점질감자를, 어느 정도 풀어지면서 부드럽고 고소한 맛의 감
  자를 원한다면 분질감자를 사용합니다.
- 다시마물 대신에 멸치육수나 고기육수로 만들어도 좋습니다.
- 달걀을 넣고 바로 저으면 달걀이 풀어져 국물이 지저분해지니, 달걀을 넣고 살짝 익힌 뒤 저어줍니다.

안심Touch

재료를 준비합니다.

볼에 물과 다시마를 넣고 1시간 동안 우려 다시마물을 만듭니다.

감자는 껍질을 벗겨 반달썰기 하고 양파도 같은 크기로 썰어줍니다.

표고버섯과 대파는 길쭉하게 어슷 썰어 준비합니다.

중간 불로 달군 냄비에 참기름을 두르고 다진 마늘을 볶아 향을 냅니다.

고소한 향이 올라오면 썰어둔 감자를 넣고 살짝 익을 때까지 3분간 볶습니다.

7

썰어둔 양파를 넣고 양파가 투명하게 익을 때까지 볶습니다.

8

2번의 다시마물을 붓고 뚜껑을 덮어 센 불에서 끓입니다.

9

국물이 끓어오르면 중간 불로 줄이고 10분간 더 끓입니다. 감자가 충분히 익으면 어슷 썬 대파와 표고버섯을 넣고 국간장과 소금으로 간을 맞춥니다.

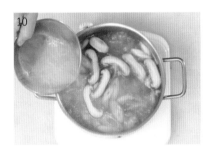

10

볼에 달걀을 풀고 냄비에 둘러가며 조금씩 붓습니다.

11

마지막으로 후춧가루를 뿌리면 완성입니다.

버섯 감자찌개

밭에서 나는 고기가 콩이라면 산에서 나는 고기를 버섯이라고 하죠. 영양만점 소고기와 향이 좋은 느타리버섯을 넉넉하게 넣어 보글보글 끓인 버섯 감자찌개입니다. 고추장을 넣고 칼칼하게 끓여내서 깊고 진한 맛을 느낄 수 있는 일품 저녁 메뉴입니다.

+ Ingredients

버섯 감자찌개
느타리버섯 200g
데침용 소금 1T
소고기 150g
식용유 1T
감자 300g(2개)
양파 中 1/2개
청양고추 2개
고추장 1.5T
멸치다시마육수 3컵

멸치다시마육수
국물용 멸치 1컵
다시마(10cm×10cm) 2장
물 8컵

소고기 밑간
간장 1t
설탕 1t
다진 파 1T
다진 마늘 1t
참기름 1t
후춧가루 약간

느타리 밑간
다진 마늘 1t
다진 파 1T
소금 1/4t
참기름 1t

+ Cook's tip

• 멸치다시마육수를 만들 때, 국물용 멸치는 내장을 제거한 후 마른 팬에 볶아 비린내를 제거하고, 다시마는 젖은 수건으로 겉면을 닦아 준비합니다.

• 찌개를 끓일 때 재료에 밑간을 하면 더욱 깊은 맛의 찌개를 만들 수 있습니다.

• 감자는 탄수화물이 풍부한 재료지만 단백질과 지방이 적기 때문에, 단백질이 풍부한 소고기와 버섯을 넣어 함께 조리하면 영양균형을 맞출 수 있습니다.

요리Touch

냄비에 물을 붓고 손질한 다시마와 볶은 멸치를 넣은 다음 센 불에서 끓입니다.

물이 끓어오르면 중약 불로 줄인 다음 3분 후 다시마만 건져냅니다. 그 상태로 15분간 더 끓이고 체에 걸러 준비합니다.

재료를 준비합니다. 느타리버섯은 밑동을 제거하고 적당히 찢어 준비합니다.

청양고추는 송송 썰고 양파는 채 썹니다. 감자는 깨끗이 씻은 다음 먹기 좋은 크기로 깍둑 썰어 준비합니다.

소고기는 사방 2cm 정도로 썰어 볼에 넣고 분량의 밑간 재료를 모두 넣은 다음 주물러 재워둡니다.

끓는 물 2L에 데침용 소금을 넣고 느타리버섯을 살짝 데칩니다. 데친 느타리버섯은 바로 찬물에 담가 헹구고 물기를 꽉 짭니다.

7

물기를 제거한 느타리버섯을 볼에 넣고 분량의 밑간 재료를 모두 넣은 다음 조물조물 무쳐 놓습니다.

8

중간 불로 달군 냄비에 식용유를 두르고 5번의 밑간한 소고기를 넣어 볶습니다.

9

소고기가 익으면 2번의 멸치다시마육수를 분량만큼 붓고 고추장을 풀어 끓입니다.

10

썰어둔 감자를 넣고 끓입니다. 국물이 끓어오르면 5분간 더 끓여 감자를 익힙니다.

11

밑간한 느타리버섯을 넣고 5분간 끓입니다.

12

양파와 청양고추를 넣고 뚜껑을 덮어 3분간 더 끓이면 완성입니다. 취향에 따라 모자란 간은 분량 외의 소금을 넣어 맞춥니다.

감자옹심이

감자를 갈아 새알 크기로 빚은 다음 육수에 넣어 끓인 강원도 토속음식, 감자옹심이입니다. 옹심이는 '새알심'의 강원도 방언으로 이름처럼 작고 동글동글해 한 입에 넣어 먹는데요. 감자로 만들어 더욱 쫄깃한 식감과 시원한 국물 맛이 아주 잘 어울립니다.

+ Ingredients

감자옹심이

감자 500g(3개)
감자전분 3T
소금 1/2t

참기름 1T
다진 마늘 1/2T
소고기 100g
국간장 1T
물 5컵

애호박 1/2개
풋고추 1개
홍고추 1/2개

소금 1/4t
통깨 1t
달걀 1개

+ Cook's tip

- 좀 더 쫄깃한 맛의 옹심이를 원한다면 반죽을 만들 때 감자전분을 조금 더 넣으면 됩니다.
- 레시피에서는 소고기를 볶아 바로 육수를 냈는데, 소고기육수 대신 멸치육수로 만들어도 맛있습니다.

재료를 준비합니다.

애호박은 채 썰고, 풋고추와 홍고추는 어슷 썹니다. 달걀은 흰자와 노른자로 나눠 황백지단을 부친 다음, 채 썰어 준비합니다.

감자는 껍질을 벗긴 다음 큼직하게 썰어 믹서에 넣고 곱게 갑니다.

곱게 간 감자를 면포에 넣고 꽉 짜서 건더기와 물로 나눕니다.

감자를 짜낸 물을 가만히 놔둬 전분을 가라앉힙니다. 전분이 충분히 가라앉으면 윗물만 조심히 따라버립니다.

면포로 꽉 짰던 감자 건더기를 볼에 담고, 5번에서 가라앉힌 전분을 넣어 골고루 섞습니다.

감자전분과 소금을 넣고 치대 반죽을 만듭니다. 이때 반죽이 너무 **뻑뻑**하다면 분량 외의 물을 조금씩 넣어가며 반죽합니다.

반죽을 메추리알 크기만큼 뗀 다음 손바닥으로 둥글게 굴려 옹심이를 만듭니다.

중간 불로 달군 냄비에 참기름을 두르고 다진 마늘을 넣어 볶다가 고소한 향이 올라오면 소고기를 넣어 볶습니다.

소고기가 익으면 국간장을 넣어 볶다가 물을 붓고 센 불로 올린 다음 뚜껑을 덮어 끓입니다.

물이 끓어오르면 중간 불로 줄이고 8번의 옹심이와 애호박을 넣어 끓입니다. 끓이면서 생기는 거품은 제거합니다.

옹심이가 떠오르면 풋고추와 홍고추를 넣고 3분간 더 끓이다가 소금으로 간을 맞춥니다. 그다음 통깨와 2번의 황백지단을 올리면 완성입니다.

감자수제비

강원도의 향토음식인 감자수제비입니다. 일반 밀가루 수제비에 감자를 넣고 끓이는 방법도 있지만, 반죽에 감자를 갈아 넣으면 쫄깃한 식감을 더하고 감자 향을 가득 느낄 수 있는 별미가 됩니다.

+ Ingredients

감자수제비	반죽	양념장
감자 1개	감자 200g(2개)	간장 1T
애호박 1/2개	중력분 2컵	다진 청양고추 2개
대파 1/2대	소금 1t	다진 마늘 1T
국간장 1/2T	물 1/4컵(상황에 따라 조절)	고춧가루 1T
소금 1/4t		통깨 1t
후춧가루 약간		참기름 1t
멸치다시마육수 5컵		

+ Cook's tip

- 햇감자의 경우에는 감자 자체에 수분이 많기 때문에 물을 섞지 않아도 충분히 반죽할 수 있습니다. 물을 섞지 않고 만들면 감자의 풍미를 훨씬 잘 느낄 수 있습니다.
- 수제비 반죽은 최대한 얇게 떼어 넣어야 쫀득한 식감을 제대로 느낄 수 있습니다.
- 멸치다시마육수는 버섯 감자찌개(p.36)를 참고해서 준비합니다.

재료를 준비합니다.

먼저 반죽을 만듭니다. 감자는 깨끗이 씻어 적당한 크기로 자른 다음 믹서에 넣고 곱게 갈아줍니다. 이때 물을 조금씩 넣어서 갈면 훨씬 잘 갈립니다.

볼에 중력분과 소금을 넣고 2번의 곱게 간 감자를 붓습니다.

주걱을 사용해 반죽합니다. 조금 진 반죽으로 날가루 없이 골고루 섞이면 랩을 덮어 냉장고에서 30분간 숙성시킵니다.

작은 볼에 분량의 양념장 재료를 모두 넣고 섞어 양념장을 만듭니다.

감자와 애호박은 4등분으로 자르고, 대파는 송송 썰어둡니다.

7

냄비에 멸치다시마육수를 붓고 끓이다가 육수가 끓어오르면 감자와 애호박을 넣고 5분간 끓입니다.

8

냉장고에서 숙성시킨 반죽을 꺼내 숟가락 두 개를 이용해서 반죽을 떼어 넣습니다. 육수가 튀지 않도록 조심하면서 되도록 얇게 떼어 넣습니다.

9

반죽이 익어 떠오르면 국간장과 소금, 후춧가루를 넣고 2분간 끓입니다.

10

송송 썬 대파를 넣고 살짝 더 끓인 다음, 5번의 양념장을 곁들이면 완성입니다.

돼지갈비 감자탕

🍴 2~3인분   🍲 30분(돼지갈비 삶는 시간 제외)

돼지등뼈나 갈비를 푹 삶아 우거지를 넣고 끓인 감자탕은 영양뿐
만 아니라 맛도 좋아 환절기 영양식으로 손색이 없습니다. 한 끼
식사로도, 건강식으로도, 음주 후 해장국으로도 인기 만점인 감자
탕을 직접 만들어보겠습니다.

+ Ingredients

돼지갈비 감자탕	삶기	우거지 양념
돼지갈비 600g	양파 中 1/4개	고춧가루 1T
데친 우거지 300g	마늘 3톨	고추장 1t
감자 中 4개	생강 1/2톨	국간장 2t
양파 中 1/4개	마른 고추 1개	다진 생강 1/2t
대파 밑동 1/2대	대파의 푸른 부분 1/2대	다진 마늘 2t
깻잎순 1줌	된장 2t	된장 2T
들깨가루 2T	맛술 2t	맛술 1T
소금 약간	통후추 1/2t	
	물 8컵	

+ Cook's tip

- 돼지갈비처럼 뼈가 있는 고기는 핏물을 잘 빼야 잡내도 안 나고 구수한 맛을 낼 수 있으니, 미리 찬물에 3시
  간 정도 담가 핏물을 충분히 제거합니다.
- 레시피에서는 총 세 번에 걸쳐 잡내를 제거하고 있습니다. 첫 번째는 찬물에 담가 핏물을 충분히 제거하기,
  두 번째는 끓는 물에 데쳐서 남은 핏물과 이물질 제거하기, 세 번째는 양념을 넣어 끓이기 입니다. 이 세 가
  지 과정만 잘 지킨다면 전문점 부럽지 않은 깔끔한 감자탕을 끓일 수 있습니다.

돼지갈비는 찬물에 3시간 정도 담가 핏물을 충분히 제거합니다. 이때, 중간중간 물을 갈아주는 것이 좋습니다.

핏물을 제거한 돼지갈비를 끓는 물에 넣고 5분간 데친 후 찬물에 깨끗이 씻습니다. 남은 핏물과 기름기, 이물질 등을 제거하는 과정입니다.

삶기 재료를 준비합니다.

냄비에 깨끗이 씻은 돼지갈비와 삶기 재료를 모두 넣고 뚜껑을 덮어 끓입니다. 국물이 끓어오르면 중약 불로 줄이고 1시간 이상 끓입니다.

푹 익은 돼지갈비를 건져내고 면포에 국물을 걸러냅니다.

감자탕에 들어갈 재료와 우거지 양념 재료를 준비합니다.

7

돼지갈비와 걸러낸 국물을 다시 냄비에
넣고, 껍질을 벗긴 감자를 넣어 감자가
익도록 20분간 끓입니다.

8

양파는 채 썰고 대파는 어슷 썰어 볼에
넣은 다음 데친 우거지와 분량의 양념
재료를 모두 넣어 밑간을 합니다.

9

냄비에 밑간한 우거지와 들깨가루를 넣
고 5분간 끓입니다.

10

깻잎순을 듬뿍 올려 3분간 끓인 뒤 소금
으로 간을 맞추면 완성입니다.

멸치 감자조림

간장 양념으로 조린 감자조림은 쉬워 보이지만 은근히 맛내기 어려운 음식 중 하나입니다. 이런 감자조림을 쉽고 맛있게 만들 수 있는 레시피를 소개합니다. 감자만 넣어도 맛있지만 멸치를 함께 넣으면 건강까지 챙길 수 있습니다.

+ Ingredients

멸치 감자조림
감자 中 2개
잔멸치 50g
홍고추 1개
식용유 약간

양념
간장 2T
다진 마늘 1T
다진 파 1T
청주 1T
설탕 1T
맛술 1t
후춧가루 약간

참기름 1t
통깨 1t

+ Cook's tip

• 감자 싹에는 독성 물질이 있기 때문에, 감자를 손질할 때는 싹이 난 부분을 완벽히 도려내도록 합니다.

재료를 준비합니다.

감자는 사방 1cm 크기로 깍둑 썰고, 홍고추는 씨를 제거한 다음 가늘게 채 썰어 준비합니다.

작은 볼에 참기름과 통깨를 제외한 나머지 양념 재료를 모두 넣고 섞습니다.

중약 불로 달군 마른 팬에 잔멸치를 넣고 볶아 비린내를 없앤 다음 체에 털어 가루를 제거합니다.

팬을 한번 닦고 다시 중약 불로 달군 뒤, 식용유를 두르고 감자를 넣어 5분간 볶습니다.

감자가 어느 정도 익으면 4번의 가루를 털어낸 잔멸치를 넣고 살짝 볶습니다.

7

3번에서 미리 섞어둔 양념을 넣고 골고루 볶은 다음 약한 불에서 천천히 조립니다.

8

양념이 어느 정도 졸아들고 감자와 멸치에서 윤기가 나면 채 썬 홍고추를 넣어 살짝 볶습니다.

9

불을 끈 다음 참기름과 통깨를 뿌리고 살짝 섞으면 완성입니다.

알감자조림

알감자조림은 감자 하나를 통째로 입안에 넣어 먹을 수 있기 때문에 감자의 풍미와 양념의 감칠맛을 한 번에 느낄 수 있는 메뉴입니다. 앙증맞은 모습에 도시락 반찬으로도 아주 좋습니다.

+ Ingredients ─────────────────────

알감자조림
알감자 500g
소금 1T
물 1L
식용유 2T
다시마물 1/2컵

조림장
간장 2T
다진 마늘 1t
올리고당 2T
참기름 1t
통깨 1t

+ Cook's tip ─────────────────────

• 알감자조림을 만들 때는 알감자의 껍질을 까지 않고 만들어야 겉이 쫀득하면서 짠맛이 과하게 배지 않습니다. 또한 감자는 되도록 껍질째 조리하는 것이 영양 손실도 덜하고 껍질에 풍부한 영양소를 모두 섭취할 수 있습니다.

• 다시마물은 물 6컵에 다시마(10cm×10cm) 2장을 넣고 1시간 정도 우려서 준비합니다.

1

재료를 준비합니다. 알감자는 깨끗이 씻어 껍질째 준비합니다.

2

냄비에 물과 소금을 넣고 알감자를 삶습니다. 물이 팔팔 끓어오르면 5분간 더 삶습니다.

3

삶은 감자를 건져 찬물에 헹군 다음 물기를 제거합니다.

4

중간 불로 달군 팬에 식용유를 두르고 물기를 제거한 알감자를 넣어 볶습니다.

5

겉껍질이 쪼글쪼글해지면서 노릇하게 구워지면 다시마물과 간장, 다진 마늘을 넣고 중간중간 저어가며 조립니다.

6

국물이 자박하게 졸여지면 올리고당으로 윤기를 더하고, 참기름과 통깨를 넣어 골고루 섞으면 완성입니다.

감자채볶음

감자채볶음을 만들다보면 감자가 쉽게 부서지고 뭉그러져 볼품이 없어질 때가 있습니다. 그럴 땐 채 썬 감자를 소금물에 담가 전분을 제거하면 감자에 밑간이 될 뿐만 아니라 부서지지 않아 맛도 좋고 보기도 좋은 감자채볶음을 만들 수 있습니다.

+ Ingredients

감자채볶음
감자 2개
양파 1/2개
오이고추 1개
참기름 1T

물 2컵
소금 2T

양념
다진 마늘 1t
물 약간
후춧가루 약간
통깨 약간

+ Cook's tip

- 채 썬 감자를 소금물에 담그면 분질감자도 부서지지 않게 볶을 수 있습니다.
- 매콤한 맛을 좋아한다면 오이고추 대신 풋고추나 청양고추를 넣어도 좋습니다.

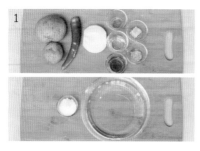

재료를 준비합니다. 이때 감자는 부서지기 쉬운 분질감자보다는 중간질감자인 수미로 준비합니다.

감자, 양파, 오이고추는 채 썰어 준비합니다.

물에 소금을 넣어 잘 녹인 다음 채 썬 감자를 5분간 담가 전분을 제거합니다.

5분 뒤 감자를 건져 물기를 제거합니다.

중간 불로 달군 팬에 참기름을 두르고 감자와 양파를 넣어 볶습니다.

양파가 투명하게 익으면 다진 마늘과 물을 넣고 볶습니다. 물을 조금 넣으면 감자를 부드럽게 익힐 수 있습니다.

감자가 익으면 채 썬 오이고추를 넣어
살짝 볶습니다.

후춧가루와 통깨를 넣고 한 번 더 볶으
면 완성입니다.

감자채전

감자채전은 갈아서 만드는 감자전과는 또 다른 식감과 맛을 즐길 수 있는 전입니다. 쫀득한 식감의 일반 감자전과는 다르게 바삭한 맛과 고소한 맛을 느낄 수 있으며, 밀가루의 글루텐이 부담스러운 분이나 아이 간식으로 정말 좋습니다.

+ Ingredients

감자채전

감자 2개(300g)
소금 1/4t
감자전분 4T
식용유 약간

+ Cook's tip

• 채 썬 감자를 물에 담가 전분을 제거하면 감자채전을 부서지지 않고 바삭하게 만들 수 있습니다.

• 감자채전이 뜨거울 때 치즈를 얹어 녹이면 아이들이 굉장히 좋아하는 간식이 완성됩니다.

재료를 준비합니다.

감자는 깨끗하게 씻은 다음 가늘게 채 썰어줍니다.

채 썬 감자는 찬물에 10분간 담가 전분을 뺀 다음 건져 물기를 제거합니다.

물기를 제거한 감자채에 소금과 감자전분을 넣고 골고루 버무립니다. 감자전분은 감자가 서로 붙을 정도로만 넣으면 됩니다.

중간 불로 달군 팬에 식용유를 두르고 감자채를 올려 부칩니다. 감자채는 되도록 얇게 부치는 것이 좋습니다.

앞뒤로 바삭하게 부쳐내면 완성입니다.

감자 탕수

튀긴 감자옹심이에 탕수 소스를 부어 먹는 감자 탕수입니다. 감자 옹심이의 쫄깃한 맛은 고기와 같은 식감을 냅니다. 돼지고기나 닭고기 대신 감자로 담백하게 만들었기 때문에 채식을 하는 분들에게도 환영받는 음식이 될 것입니다.

+ Ingredients

감자 탕수	튀김옷	탕수 소스	전분물
감자 300g(2~3개)	감자전분 3T	간장 1t	감자전분 1/2T
감자전분 2T	달걀흰자 1개	설탕 2T	물 2t
소금 1/2t		식초 1T	
샐러리 1/2줄기		소금 약간	
파프리카 1/8개		물 1/3컵	
당근 1/8개			
식용유 적당량			

+ Cook's tip

• 남은 감자반죽으로 감자옹심이(p.40)를 만들어도 좋습니다.
• 감자 탕수에 들어가는 채소는 냉장고에 들어있는 다양한 자투리 채소를 사용해도 좋습니다.

재료를 준비합니다. 이때 감자는 껍질을
까서 준비합니다.

감자는 적당한 크기로 잘라 믹서로 곱게
갈아줍니다. 감자가 잘 갈리지 않으면
분량 외의 물을 조금 넣으면 됩니다.

간 감자를 면포에 넣고 꽉 짜서 건더기
와 물로 나눕니다.

감자를 짠 물은 가만히 놔둬 전분을 가
라앉힙니다. 전분이 가라앉으면 윗물을
따라버립니다.

면포 안에 있는 감자 건더기를 볼에 담
고 4번에서 가라앉힌 전분을 넣은 나음
골고루 섞습니다.

감자전분과 소금을 넣고 섞어 반죽을 만
듭니다.

반죽을 조금 떼어낸 다음 손으로 꾹 쥐어
모양을 잡습니다.

모양을 잡은 반죽을 끓는 물에 넣고 삶
습니다. 반죽이 물 위로 떠오르면 건져
서 찬물에 담가 식힌 뒤 물기를 제거합
니다.

볼에 분량의 튀김옷 재료를 모두 넣고
섞은 후 삶은 반죽을 굴려 튀김옷을 입
힙니다.

180℃로 달군 식용유에 반죽을 넣고 노
릇하게 튀긴 다음 키친타월에 올려 기름
을 제거합니다.

작은 냄비에 분량의 탕수 소스 재료를
모두 넣고 끓입니다. 소스가 끓어오르면
불을 줄이고 전분물을 조금씩 부어 걸쭉
한 소스를 만듭니다.

접시에 튀긴 반죽을 올리고 샐러리, 파
프리카, 당근을 작게 깍둑 썰어 얹습니
다. 그 위에 걸쭉한 탕수 소스를 뿌리면
완성입니다.

감자볼

부드러운 감자 속에 베이컨과 치즈 등을 넣어 튀겨낸 감자볼입니
다. 집에 있는 간단한 재료로 만든 바삭바삭한 감자볼은 아이들
영양 간식으로도 좋고 간단한 맥주 안주로도 좋습니다.

+ Ingredients

감자볼
감자 300g(1~2개)
구운 베이컨 조각 1/4컵
구운 마늘 1/4컵
다진 체더치즈 1/4컵
다진 쪽파 1/4컵
소금 약간
후춧가루 약간
식용유 적당량

튀김옷
달걀 2개
빵가루 1.5컵

+ Cook's tip

• 감자볼은 에어프라이어로도 간단하게 만들 수 있습니다. 5번 과정까지 만든 다음 오일스프레이를 골고루
  뿌리고 에어프라이어에 넣어 180℃, 10분으로 세팅해 구우면 완성입니다.

• 감자는 '감자 이야기 : 감자 삶는법(p.23)'을 참고해 삶습니다.

재료를 준비합니다.

감자는 삶은 다음 껍질을 벗기고 볼에
넣어 곱게 으깹니다.

으깬 감자에 소금과 후춧가루로 간을 맞
추고, 베이컨과 마늘, 체더치즈, 쪽파를
넣어 골고루 섞습니다.

반죽을 한 입 크기로 떼어 동그랗게 빚
어줍니다. 아이스크림용 스쿱을 이용하
면 편리합니다.

동그랗게 빚은 반죽에 덧간과 빵가루를
순서대로 입힙니다.

180℃로 달군 시용유에 튀김옷을 입힌
반죽을 넣고 노릇하게 튀기면 완성입니다.

케이준 감자튀김

패밀리 레스토랑에서 먹었던 케이준프라이를 집에서도 간단하게 만들 수 있습니다. 마늘과 양파, 후춧가루, 카이엔페퍼, 훈제파프리카 등의 가루를 섞어 만든 매콤한 맛의 케이준시즈닝을 감자튀김에 뿌리기만 하면 완성인데요. 감자튀김뿐만 아니라 닭튀김에 뿌려 먹어도 아주 맛있습니다.

+ Ingredients

케이준 감자튀김
러셋 감자 450g(3개)
케이준시즈닝 1T
오일스프레이

케이준시즈닝
파프리카가루 3T
마늘가루 2T
양파가루 1T
후춧가루 1/2T
오레가노가루 1T
타임가루 1/2T
카이엔페퍼가루 1T
구운 소금 2T

+ Cook's tip

- 감자튀김을 만들 때는 러셋 감자가 가장 좋지만 만약 국내산 재료를 쓸 경우에는 두백이나 하령과 같은 분질감자로 준비합니다.
- 케이준시즈닝은 상온에서 6개월 이상 보관이 가능하고, 냉장고에 넣으면 1년 이상 보관할 수 있습니다. 케이준시즈닝을 만들기가 번거롭다면 시판 제품을 사용해도 좋습니다.
- 집집마다 에어프라이어의 성능이 다르니 중간에 상태를 확인하고 굽는 시간을 가감합니다.
- 기름으로 튀길 때는 180℃로 달군 식용유에 삶은 감자를 넣어 노릇하게 튀긴 후 비닐봉지에 담고, 케이준시즈닝을 넣어 흔들면 쉽게 만들 수 있습니다.

케이준시즈닝 만들 재료를 분량에 맞춰 준비합니다.

볼에 분량의 재료를 모두 넣고 골고루 섞으면 완성입니다. 완성된 케이준시즈 닝은 유리용기에 넣어 보관합니다.

케이준 감자튀김 만들 재료를 준비합니다.

감자를 깨끗이 씻어 웨지 모양이나 길쭉 한 사각형으로 썰어줍니다.

자른 감자를 찬물에 5분간 담가 전분을 없앱니다.

전분을 없앤 감자를 끓는 물에 5분간 삶 은 다음 건져 물기를 제거합니다.

물기를 제거한 감자에 오일스프레이를
얇게 뿌립니다.

감자를 180℃, 20분으로 세팅한 에어프
라이어에 넣고 굽습니다.

구운 감자를 꺼내 볼에 담고 2번의 케이
준시즈닝을 뿌린 다음 시즈닝이 감자에
골고루 묻도록 볼을 흔들며 섞습니다.

케이준시즈닝이 묻은 감자를 다시 바스
켓에 담고 180℃, 5분으로 세팅한 에어
프라이어에 한 번 더 구우면 완성입니다.

알감자 버터구이

휴게소에 들르면 반드시 먹어야 하는 간식, 알감자 버터구이입니다. 버터의 고소한 냄새와 알감자의 부드러운 맛 때문에 전 국민이 좋아하는 휴게소 간식인데요. 특별한 재료 없이 간단하게 만들 수 있지만 맛은 아주 끝내줍니다.

+ Ingredients

알감자 버터구이
알감자 500g
물 1L
밑간용 소금 1T
버터 2T
소금 약간
베이컨 1줄
치즈가루 약간
다진 파슬리 약간

+ Cook's tip

• 알감자는 보통 8~10월 사이에 나오는데, 그 시기를 놓치면 구하기가 어렵습니다. 만약 알감자를 구할 수 없다면 큰 감자를 한 입 크기로 잘라서 만들어도 좋습니다.

재료를 준비합니다. 알감자는 껍질을 제
거해둡니다.

냄비에 물과 밑간용 소금을 넣고 알감자
를 삶습니다. 물이 끓어오르면 불을 줄
이고 물이 거의 없어질 때까지 삶은 다
음 체에 올려 수분을 날립니다.

중약 불로 달군 팬에 버터를 녹인 다음
삶은 알감자를 살살 볶으며 굽습니다.
불이 세면 버터가 타기 때문에 중약 불
에서 천천히 굽는 것이 중요합니다.

알감자가 노릇하게 구워지면 소금으로
간을 맞추고 그릇에 담습니다.

베이컨을 작게 사른 다음 팬에 넣고 바삭
하게 굽습니다.

알감자에 구운 베이컨 조각과 치즈가루,
다진 파슬리를 뿌리면 완성입니다.

감자모찌

감자모찌는 '이모모찌(いももち)'라고 하는 일본식 감자떡입니다. 일본 홋카이도의 명물 간식으로 으깬 감자에 전분과 찹쌀가루를 넣어 쫀득함을 더하고, 달콤하면서도 짭조름한 간장 양념에 조려 만드는 간식입니다.

+ Ingredients

감자모찌

감자 600g(3~4개)
감자전분 4T
찹쌀가루 4T
식용유 1T
무염버터 1T

양념

간장 1T
꿀 1T
청주 1T
물 1T

+ Cook's tip

• 감자모찌를 빚을 때 안에 팥고물이나 치즈를 넣고 빚으면 조금 더 특별한 맛을 즐길 수 있습니다.
• 완성된 감자모찌를 김에 싸서 먹으면 손에 기름도 묻지 않고 맛있게 먹을 수 있습니다.
• 감자는 '감자 이야기 : 감자 삶는법(p.23)'을 참고해 삶습니다.

재료를 준비합니다. 모찌용 감자는 전분 함유량이 많은 분질감자를 사용하는 것이 좋습니다.

감자는 삶은 다음 껍질을 벗기고 볼에 넣어 곱게 으깹니다.

으깬 감자에 감자전분과 찹쌀가루를 넣고 찰기가 생길 때까지 반죽합니다.

감자반죽을 한 줌씩 떼어 둥글넓적하게 빚습니다.

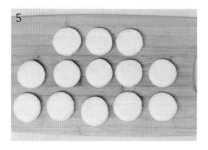

총 13개의 둥글넓적한 반죽을 만듭니다. 반죽의 크기에 따라 개수는 차이가 날 수 있습니다.

중약 불로 달군 팬에 식용유를 두르고 무염버터를 녹입니다.

7

감자반죽을 팬에 올려 앞뒤로 노릇하게 구운 다음 따로 꺼내 놓습니다.

8

작은 볼에 분량의 양념 재료를 모두 넣고 섞습니다.

9

반죽을 구운 팬에 8번의 양념을 넣고 바글바글 끓입니다.

10

양념이 끓으면 구운 감자반죽을 넣고 타지 않게 뒤집어가면서 조리면 완성입니다.

크림 감자뇨끼

우리나라의 수제비와 비슷한 뇨끼는 이탈리아의 대표 요리로 아주 대중적인 음식입니다. 국내 이탈리아 식당에서도 자주 볼 수 있는 감자뇨끼는 감자 파스타의 일종으로 토마토소스, 크림소스, 페스토소스 등으로 만듭니다. 그중 부드러운 크림소스로 만든 감자뇨끼를 소개합니다.

+ Ingredients

크림 감자뇨끼	크림소스
감자 250g	버터 1T
중력분 40g	베이컨 3장
달걀노른자 1개	마늘 3쪽
소금 1/8t	양파 中 1/2개
올리브오일 약간	우유 1컵
다진 파슬리 약간	생크림 1/2컵
	소금 약간
	후춧가루 약간

+ Cook's tip

• 달걀의 크기에 따라 뇨끼 반죽이 질어질 수 있습니다. 반죽이 너무 질다면 중력분을 조금씩 추가하면서 반죽합니다.

• 감자뇨끼가 완성될 때쯤 크림소스가 너무 걸쭉하다면 우유를 조금 더 넣어 농도를 맞춥니다.

• 감자는 '감자 이야기 : 감자 삶는법(p.23)'을 참고해 삶습니다.

재료를 준비합니다.

감자는 삶은 다음 체에 곱게 내립니다. 감자를 체에 내리면 부드러운 뇨끼 반죽 을 만들 수 있습니다.

체에 내려 으깬 감자에 중력분과 달걀노 른자, 소금을 넣고 반죽에 끈기가 생길 때까지 치댑니다.

분량 외의 중력분을 도마에 뿌리고 끈기 가 생긴 반죽을 잘 치대 가래떡 모양으 로 길게 민 다음 한 입 크기로 자릅니다.

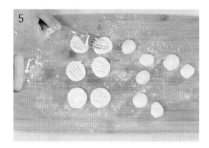

자른 반죽을 손바다으로 굴려 동그랗게 만든 다음 포크로 눌러 뇨끼 모양을 냅 니다.

끓는 물에 뇨끼 반죽을 넣어 끓이다가 반죽이 떠오르면 체로 건져 물기를 제거 합니다. 그다음 올리브오일을 발라 서로 붙지 않게 준비합니다.

크림소스 만들 재료를 준비합니다.

마늘은 얇게 저미고 양파는 다집니다. 베이컨은 사방 1cm 정도의 크기로 썰어 준비합니다.

중간 불로 달군 팬에 버터를 두르고 베이컨과 마늘, 양파를 넣어 노릇하게 볶습니다.

우유를 붓고 끓이다가 우유가 팔팔 끓어오르면 생크림을 넣어 끓입니다.

생크림이 끓어오르면 6번에서 만든 뇨끼 반죽을 넣고 바닥에 눌어붙지 않도록 골고루 저어줍니다.

크림소스가 걸쭉해지면 소금과 후춧가루로 간을 맞춘 다음 다진 파슬리를 뿌리면 완성입니다.

감자샐러드

'감자사라다'를 기억하시나요? 감자에 오이와 삶은 달걀을 넣어 만들던 추억의 감자사라다를 요즘 사람들의 입맛을 고려하여 조금 더 세련된 맛으로 업그레이드 한 감자샐러드입니다.

+ Ingredients

감자샐러드
감자 600g(4개)
삶은 달걀 3개
베이컨 130g
샐러리 1/2줄기
무염버터 1T
양파 中 1/2개
오이 1개
양배추 1/8개
채소 절임용 소금 1.5T

드레싱
마요네즈 3T
디종 머스터드 2T
식초 1/2T
소금 약간
후춧가루 약간

+ Cook's tip

- 감자로 수분이 적은 샐러드를 만들 때는 전분 함유량이 많은 분질감자를 사용하는 것이 좋습니다. 분질감자의 포슬포슬한 맛이 샐러드의 맛을 더해줍니다.
- 샐러드용 채소로 파프리카나 브로콜리, 당근을 넣어도 좋고, 베이컨 대신 소시지를 넣어도 좋습니다.
- 식빵이나 모닝빵에 감자샐러드를 넣으면 든든한 아침 메뉴를 만들 수 있습니다.
- 감자가 뜨거울 때 양파를 넣으면 양파의 매운맛을 없앨 수 있습니다.
- 감자는 '감자 이야기 : 감자 삶는법(p.23)'을 참고해 삶습니다.

안심Touch

재료를 준비합니다. 샐러드용 감자는 분질감자로, 샐러리는 줄기 부분으로 준비합니다.

오이는 송송 썬 다음 채소 절임용 소금 1/2T을 넣고 10분간 절입니다.

양배추는 사방 2cm 정도의 크기로 자르고 양파는 굵게 다진 다음, 각각 채소 절임용 소금을 1/2T씩 넣고 10분간 절입니다.

베이컨은 먹기 좋은 크기로 잘라 팬에 바싹 굽습니다.

절인 오이를 흐르는 물에 살짝 헹군 다음 면포에 싸서 물기를 꽉 짭니다. 양배추와 양파도 같은 방법으로 물기를 짜서 준비합니다.

샐러리는 채 썰어 준비하고, 절인 채소와 샐러드의 맛을 더해줄 드레싱 재료를 준비합니다.

감자는 삶은 다음 껍질을 벗기고 곱게 으깹니다. 감자가 뜨거울 때 무염버터와 양파를 넣고 골고루 섞습니다.

삶은 달걀을 적당히 잘라서 넣고 분량의 드레싱 재료를 모두 넣어 골고루 섞습니다.

채 썬 샐러리와 절인 오이, 양배추, 구운 베이컨을 넣고 골고루 버무리면 완성입니다. 취향에 따라 소금을 조금 넣어 간을 맞춰도 좋습니다.

매시트 포테이토

매시트 포테이토(Mashed Potato)는 삶은 감자를 으깨 만든 서양의 감자요리입니다. 미국에서는 추수감사절에 칠면조 요리와 함께 꼭 빼놓지 않고 먹는 음식이기도 한데요. 우리에게도 낯설지 않은 매시트 포테이토의 제대로 된 레시피를 소개해드리겠습니다.

+ Ingredients

매시트 포테이토

러셋 감자 大 450g(2개)
우유 1/2컵
무염버터 2T
사워크림 1/2컵
소금 1/4t
후춧가루 1/4t
다진 파슬리 약간

+ Cook's tip

- 매시트 포테이토는 러셋 감자와 같이 수분이 적고 전분이 많은 분질감자로 만들어야 부드러운 맛을 극대화시킬 수 있습니다. 만약 러셋 감자를 구하기 어렵다면 두백이나 하령과 같은 분질감자를 사용하고 계절적인 영향으로 이마저도 구하기 힘들다면 수미로도 만들 수 있습니다.
- 매시트 포테이토를 식빵이나 모닝 빵에 스프레드로 활용하고, 구운 소시지와 달걀프라이를 추가하면 든든하게 아침 식사를 해결할 수 있습니다.
- 감자는 '감자 이야기 : 감자 삶는법(p.23)'을 참고해 삶습니다.

재료를 준비합니다.

작은 소스 팬에 우유를 붓고 무염버터를 넣어 약한 불에서 녹입니다. 우유가 뜨거워지고 버터가 다 녹을 정도로만 데우며 절대 팔팔 끓이지 않습니다.

감자는 삶은 다음 껍질을 벗기고 볼에 넣어 곱게 으깹니다.

으깬 감자에 2번의 버터 녹인 우유를 붓고 부드럽게 섞습니다. 이때 감자를 최대한 부드럽게 만들어야 음식의 완성도가 높아집니다.

사워크림을 넣고 골고루 잘 섞습니다.

소금과 후춧가루를 넣고 섞은 다음 먹기 직전에 다진 파슬리를 뿌리면 완성입니다.

마늘버터 해슬백 포테이토

마늘버터를 곁들인 해슬백 포테이토는 감자의 바삭함과 촉촉함을 동시에 경험할 수 있는 감자요리입니다. 해슬백 포테이토는 스웨덴 스톡홀름의 레스토랑 'Hasselbaken'에서 처음 선보여 그 이름을 따온 요리로, 감자에 칼집을 넣되 완전히 자르지 않도록 하는 것이 포인트입니다.

+ Ingredients

해슬백 포테이토
러셋 감자 450g(3개)
소금 약간
후춧가루 약간
파마산 치즈가루 2T
다진 파슬리 약간
오일스프레이 약간

마늘버터소스
버터 2T
올리브오일 1T
다진 마늘 1T

+ Cook's tip

- 오븐을 사용해 만들 경우, 에어프라이어와 동일한 온도와 시간으로 구우면 됩니다.
- 구이용 감자는 분질감자가 좋습니다. 만약 러셋 감자를 구하기가 어렵다면 두백이나 하령을 사용해 만들어도 좋습니다.
- 마늘버터소스에 들어가는 버터는 미리 실온에 꺼내두어 말랑한 상태로 준비합니다.
- 완성된 마늘버터 해슬백 포테이토에 상큼한 사워크림을 곁들이면 더욱 맛있게 즐길 수 있습니다.

재료를 준비합니다.

감자에 칼집을 냅니다. 이때 감자가 완전
히 잘리지 않도록 감자의 양옆에 나무젓
가락을 놓고 최대한 얇게 칼집을 냅니다.

작은 볼에 분량의 마늘버터소스 재료를
모두 넣고 골고루 섞습니다.

마늘버터소스를 칼집 낸 감자에 골고루
바릅니다.

마늘버터소스를 바른 감자를 에어프라
이어 바스켓에 넣고 오일스프레이나 붓
으로 기름을 얇게 바릅니다.

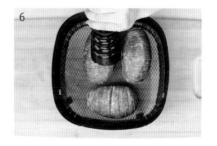

감자에 소금과 후춧가루로 밑간을 하고
에어프라이어에 넣어 190℃, 25분으로
세팅해 굽습니다.

구운 감자에 다시 마늘버터소스를 바르고 190℃, 10분으로 세팅해 한 번 더 굽습니다.

잘 구워진 감자를 접시에 담고 남은 마늘버터소스를 듬뿍 바릅니다.

파마산 치즈가루와 다진 파슬리를 뿌리면 완성입니다.

감자 테린

감자 테린(Terrine)은 감자 파베(Pave)라고도 부르는데 얇게 썬 감자를 생크림과 버터, 마늘과 함께 구워서 단단하게 식힌 후 팬에 노릇하게 구워먹는 요리입니다. 감자의 고소한 맛을 한껏 느낄 수 있으며 메인 요리에 곁들이거나 브런치로도 정말 좋습니다.

+ Ingredients

감자 테린
러셋 감자 大 850g(4개)
무염버터 1.5T
식용유 적당량

소스
생크림 3/4컵
소금 1/2t
후춧가루 1/4t
파슬리가루 1t
다진 마늘 1/2T
다진 쪽파 1대
무염버터 1.5T

+ Cook's tip

- 감자는 되도록 큰 사이즈로 준비하고, 오븐 틀에 맞춰 썰어야 틀에서 감자를 분리하거나 네모 모양으로 자를 때 감자가 갈라지지 않습니다.
- 감자 테린은 여유 있게 만들어 냉동보관 해두었다가 필요할 때마다 조금씩 꺼내 팬에 구우면 금방 만든 것처럼 맛있게 먹을 수 있습니다.
- 소스에 들어가는 무염버터는 미리 실온에 꺼내두어 말랑한 상태로 준비합니다.

재료를 준비합니다.

볼에 분량의 소스 재료를 모두 넣고 골고루 섞어둡니다.

감자는 껍질을 벗긴 다음 채칼을 사용해 얇게 썰어줍니다. 이때 세로로 길쭉하게 썰고 되도록 얇게 써는 것이 좋습니다.

유산지를 여유 있게 잘라 오븐 틀(11.5cm ×25cm×7cm)에 깔아줍니다. 유산지를 사용하면 나중에 굳은 감자를 쉽게 꺼낼 수 있습니다.

얇게 썬 감사를 소스에 넣어 버무린 다음 오븐 틀에 한 개씩 넣습니다. 이때 감자를 1/3씩 겹치면서 넣습니다.

한 층을 다 넣었다면 그 위에 무염버터를 조금씩 올립니다.

7

같은 과정을 반복해서 감자와 무염버터를 쌓고 마지막에는 남은 소스를 모두 부어줍니다.

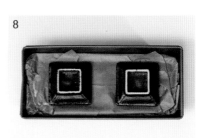

8

유산지를 접어 감자를 덮고 유산지가 들뜨지 않도록 작은 접시를 올린 다음 180℃로 예열한 오븐에 넣어 1시간 30분간 굽습니다.

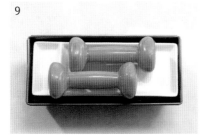

9

구운 감자는 오븐에서 꺼내 30분간 식히고 틀 위에 무거운 것을 올린 뒤 냉장고에 넣어 하룻밤 정도 굳힙니다.

10

하루가 지나 완전히 굳은 감자를 냉장고에서 꺼내 유산지를 잡고 들어올려 오븐틀에서 분리합니다.

11

굳은 감자를 네모 모양으로 자릅니다.

12

팬에 식용유를 넉넉히 두르고 자른 감자를 올려 노릇하게 구우면 완성입니다.

PART. 2

양파
ONION

CHAPTER 1

·

양파
이야기

⓸ 양파 이야기 ————————————

■ 양파의 유래

양파는 토마토, 수박과 함께 전 세계적으로 생산량이 많은 3대 채소 중 하나입니다. 어떤 식재료와 함께해도 잘 어울려 찌개나 국, 볶음, 샐러드 등 무궁무진한 활용법을 가지고 있는데요. 식욕 증진은 물론 육류나 해산물의 잡내를 없애고 풍미를 살려주는 역할을 합니다.

백합과 작물 중 알뿌리를 형성하는 대표적 작물인 양파는 고대 이집트 시대부터 널리 사용된 채소입니다. 기원전 5,000년 고대 이집트에서는 일반적인 식품은 물론 영원불멸의 의미로서 장례식 제물로 사용되었다고 하는데요. 이집트인들은 겹겹이 쌓여있는 양파 껍질의 구조에서 영원한 생명력을 보았다고 합니다. 미라를 만들 때 사용한 흔적이 발견되기도 하고, 파라오의 무덤 주변에서도 양파가 발견되있다고 하니 꽤 신빙성이 있어 보입니다. 또한 이집트 분묘의 벽화를 살펴보면, 피라미드를 쌓는 노동자들의 원기를 북돋아주기 위해 양파를 먹었다는 기록도 있습니다.

양파의 원산지는 이란, 서파키스탄이라는 설과 북이란부터 알타이 지방이라는 설 등이 있지만 아직 야생종이 발견되지 않아 확실하지는 않습니다.

양파는 중세시대부터 유럽 전역에서 재배되었는데, 초기에는 양파의 강하고 자극적인 냄새 때문에 흑사병과 같은 전염병 감염을 막는 데 사용했다고 합니다. 이후 충혈 또는 울혈을 치료하기 위해 우유에 양파나 마늘을 섞어 복용하는 민간요법이 생겨났고, 19세기와 20세기 초 아메리카 생약자들은 기침이나 기관지염 치료에 양파시럽을 사용했다고 합니다.

우리나라는 중국을 통해 양파가 유입되었는데요. 양파라는 이름은 '서양에서 건너온 파'라는 뜻으로 1900년대부터 조금씩 재배되기 시작했으며 해방 후에는 '옥파'라고도 불렸다고 합니다. 우리나라의 양파에 대한 기록을 살펴보면 1908년 창녕 원예모범장에서 시험 재배되었다는 문헌 기록이 있습니다.

> 이듬해인 1909년, 이곳 대지면 아석가(我石家)의 성찬영 선생이 처음으로 양파 재배에 성공했다. 이후 손자인 우석(愚石) 성재경(成在慶) 선생은 한국전쟁 직후 농가들이 가난에서 벗어날 수 있도록 보리를 대체하는 환금작물(換金作物)로서 양파를 적극 보급하였다.

우리나라에서 양파가 본격적으로 재배된 것은 한국전쟁 이후 일본에서 양파 종자가 들어오면서부터입니다. 1930년경에 전남 무안군 청계면 사마리의 강동원 씨가 일본에 다녀오면서 양파 종자 1홉과 재배기술을 숙부 강대광씨에게 전달하여 재배된 것이 시작이었습니다. 이후 전남지역의 무안, 함평, 장성, 나주, 영광 5개 군에서 재배되었습니다.

양파는 재배가 쉽고, 튀기거나, 끓이고, 굽는 등 요리법도 다양하여 예로부터 가난한 서민들의 주된 식재료가 되어준 소중한 채소입니다. 생으로 먹으면 알싸한 매운맛이 입맛을 돋우고, 익혀 먹으면 은은한 단맛이 나 음식의 풍미를 높여주기도 합니다. 다양한 음식에 빠지지 않고 들어가는 양파, 양파에 대해 조금 더 자세히 알아보겠습니다.

■ 양파의 영양

예로부터 양파는 자양강장과 노화방지에 도움이 되는 식품으로 알려져 있습니다. 『동의보감』을 보면 '오장(五臟)의 기(氣)에 모두 이롭다'라고 기록되어 있으며, 중풍 치료에도 효과가 있다고 전해집니다.

양파는 뛰어난 맛뿐만 아니라 단백질, 탄수화물, 비타민A·C, 칼슘, 인, 철 등의 영양소가 다량 함유되어 있으며, 특히 퀘르세틴^{quercetin}이라는 성분은 혈압 수치를 감소하는 데 효과가 있습니다. 퀘르세틴은 사이클로알린^{cycloalliin}과 함께 뛰어난 항산화작용을 하여 혈관 벽의 손상을 막고, 나쁜 콜레스테롤 농도를 감소시켜 혈액순환 개선과 고혈압, 동맥경화 등의 성인병 예방에도 탁월합니다. 퀘르세틴은 일반 양파보다 자색양파에 약 2~3배 이상 더 많이 함유되어 있습니다.

또한 양파의 알리인^{alliin} 성분은 양파를 자르거나 찧으면 알리신^{allicin}이라는 자극성분으로 변화합니다. 이 알리신이 비타민B$_1$과 결합하면 알리티아민^{allithiamin}이라고 하는 활성비타민B$_1$으로 변해, 소화 과정에서 세균에 의해 파괴되지도 않고 몸속으로 흡수도 훨씬 잘 됩니다. 예를 들어 샐러드를 만든다고 할 때, 양파를 썰어 넣으면 알리티아민이 다른 채소에 들어있는 비타민B$_1$의 흡수율까지 높여주어 더 많은 영양소를 흡수할 수 있게 도와줍니다.

양파의 특징 중 하나는 생으로 먹으면 매운맛이 나고 가열하면 단맛이 난다는 것입니다. 이는 매운맛을 내는 최루성물질인 유기화합물 때문입니다. 양파를 가열하면 유기화합물 성분의 일부가 분해되어 프로필메르캅탄^{propylmercaptan}으로 바뀌는데, 이 성분은 설탕의 50~70배의 단맛을 냅니다. 그래서 설탕 대신 양파를 넣어 단맛을 내는 경우도 많습니다. 하지만 혈덩치를 낮추는 성분은 생양파에 많이 포함되어 있으니, 혈낭지를 낮추는 것이 목적이라면 가열하지 않고 생으로 먹는 것이 좋습니다.

양파는 예전부터 우리의 건강을 책임지는 역할을 하고 있었습니다. 건강한 신체와 정신을 강조했던 고대 그리스에서는 올림픽을 준비하는 운동선수들이 양파를 생으로 먹거나 수스로 만들어 먹었다고 합니다. 미국의 조지 워싱턴은 감기에 걸리면 자기 전에 구운 양파를 먹었고, 중국의 덩 샤오핑은 양파를 많이 넣은 충조전압탕(오리와 동충하초 등 각종 약재를 넣어 끓인 탕)을 즐겨먹었다고 합니다. 또한 불면증으로 잠이 오지 않을 때 생양파를 먹거나 베개 밑에 놓으면 신기할 정도로 잠이 잘 오고, 꾸준히 섭취하면 신경쇠약을 치료하는 데에 도움이 되기도 합니다.

이처럼 양파는 어떻게 먹든 우리 몸에 아주 유익한 채소임이 분명합니다. 그래서 양파를 '둥근 불로초'라고 부르는 것일지도 모르겠습니다. 수천 년 동안 우리 곁에서 하나의 식재료로서 사용되어 온 양파, 이렇듯 양파에는 다양한 영양이 들어있으니, 음식은 물론 건강식품이라고 생각하며 챙겨야겠습니다.

■ 양파의 효능

1. 항산화, 항암 효과

세계암연구재단(WCRF)이 전 세계의 다양한 연구 결과를 종합한 결과, 양파와 같은 백합과 채소가 위암 발생 위험을 낮춰준다는 결과를 도출해냈습니다. 그 이유는 바로 양파에 많이 함유되어 있는 항산화물질 때문입니다. 양파에 있는 이소티오시아네이트^{isothiocyanate} 성분이 식도나 간, 대장, 위의 암 발생 억제를 도와주고, 퀘르세틴 성분은 인체 내 발암물질 전이를 막아주기 때문에 항암에 효과가 있습니다.

2. 혈관질환 예방

양파의 퀘르세틴 성분은 혈액 속의 나쁜 콜레스테롤을 녹여 없애기 때문에 혈액의 점도를 낮추고 피를 맑게 해줍니다. 혈액의 흐름이 원활해지면 혈전이 생기는 것도 막을 수 있고, 당뇨로 인한 합병증을 예방함은 물론 고혈압과 고지혈증, 동맥경화 등 혈관질환을 예방하고 치료하는 데 큰 도움이 됩니다.

3. 다이어트

양파는 지방을 녹이고 지방합성효소를 억제하는 성분이 들어있어서 다이어트에 효과적입니다. 또한 열량도 낮고 지방도 거의 없는 반면에 식이섬유와 단백질은 풍부해서 근육 생성에 도움을 줍니다. 그래서 실제로 헬스 트레이너들이 식단을 짤 때 양파를 꼭 포함시킨다고 합니다. 만약 체중이 더 이상 빠지지 않는 정체기에 들어섰다면 식후에 양파즙을 한 잔씩 마시는 것이 도움이 될 것입니다.

4. 독소 제거 / 해독 작용

양파에 들어있는 글루타티온^{glutathione} 성분은 간장의 해독 기능을 강화해 간세포를 활성화시킵니다. 간장의 해독 기능이 강화되면 약물중독이나 알레르기에 대한 저항력이 강해지는 효과를 얻을 수 있습니다. 또한 양파에 함유된 아미노산$^{\text{amino acid}}$은 독소를 제거해주기 때문에 납, 카드뮴, 비소와 같은 중금속을 간을 통해 배출하게끔 도와줍니다.

■ 양파의 종류

본격적으로 음식을 만들기에 앞서 어떤 종류의 양파를 선택하는지도 매우 중요합니다. 노란색, 갈색, 붉은색 또는 흰색의 다소 건조한 얇은 껍질로 덮여 있는 양파는 생으로 먹기도 하고 또는 익혀서 요리의 부재료나 양념으로도 활용합니다. 이처럼 다양한 요리에 사용됨은 물론 건강기능식품으로도 각광받고 있는 양파의 품종은 30가지가 넘습니다. 종류에 따라 영양성분도 다르고, 만드는 요리도 다른 양파에 대해 알아봅시다.

1. 껍질 색에 따른 분류

• 흰색양파

주로 미국이나 유럽에서 재배되는 흰색양파는 껍질이 얇고 수분 함량이 많아 부드러운 것이 특징입니다. 일반적으로 샐러드에 많이 쓰이며, 흰색 소스나 멕시칸 요리에 사용됩니다. 흰색양파는 다른 양파에 비해 연하고 맛이 좋으나 쉽게 상하기 때문에 보관이 어려우며, 우리나라에서는 거의 재배되지 않습니다.

• 황색양파

우리나라에서 주로 생산·유통되는 품종은 황색양파입니다. 황색양파는 껍질이 얇고 당도가 높으며, 알싸한 매운맛이 특징입니다. 다른 양파에 비해 저장이 쉬우며 조림이나 튀김, 찌개, 생채 등 각종 요리에 보편적으로 사용됩니다.

• 자색양파

보랏빛을 띠는 자색양파는 매운맛이 적고 황색양파보다 단맛이 강하며, 아삭한 식감이 특징입니다. 자색양파는 일반양파보다 두께가 조금 더 두껍고 수분 함량이 많으며, 자극적인 냄새가 적습니다. 현재 품종이 많이 개발되어 있지 않아 가격대가 높은 편이시만 화려한 색상 때문에 샐러드나 샌드위치 등에 많이 사용됩니다.

2. 공급 시기에 따른 분류

• 조생종(극조생)

조생종 양파는 4~5월경부터 공급되는데, 6월 이전에 먹는 햇양파가 조생종 양파라고 생각하면 됩니다. 둥글납작하고 가로로 긴 타원형이 특징이며, 수분이 많기 때문에 저장성이 떨어지므로 냉장고에 보관하여 가급적 빨리 먹는 것이 좋습니다. 조생종은 대체적으로 덜 맵고 단맛이 나며 부드러운 식감을 가지고 있어서 주로 장아찌를 담그거나 피클로 만들어 먹습니다.

+ 조생풍옥황양파 : 허리가 높은 납작한 원형으로 평균 무게는 175g 정도로 균일합니다. 풋양파 및 알양파 재배에 알맞은 품종입니다.

+ 조생일출양파 : 동그랗고 큰 원형으로 선명한 황색을 띠며 평균 무게는 190~210g 정도입니다. 잎에 납질이 많아 노균병에 비교적 강한 품종입니다.

+ 용봉황양파 : 높고 큰 원형으로 조기 수확 시에도 많은 양을 수확할 수 있습니다. 생육이 왕성하고 풋양파 출하도 가능한 다수확 품종입니다.

• 중 · 만생종

중 · 만생종 양파는 우리나라에서 일반적으로 가장 많이 사용하는 황색양파로 6월에 수확하여 이듬해 3월까지 공급되는 양파입니다. 동그란 원형으로 크기가 큰 것이 특징이며 수분 함량이 낮아 저장성이 높습니다. 중 · 만생종 양파는 육질이 단단하고 아삭한 식감을 가지고 있기 때문에 조림이나 튀김, 찌개 등 각종 요리에 활용하기 좋습니다.

│ 용안황양파 : 저장성이 우수하여 오랫동안 저장이 가능하며 저장 중 감량이 적습니다. 선명한 적황색에 커다란 원형으로 다수확이 가능한 품종입니다.

+ 봉안황양파 : 병충해에 강하며 직황이 안정된 품종으로, 저장성이 우수해 중장기 저장이 가능합니다. 다수확 재배에 적합합니다.

+ 천주구형황양파 : 중부지방에서는 밭에, 남부지방에서는 밭이나 논에 재배할 수 있는 품종으로 허리가 높은 원형이 특징입니다. 저장성이 매우 뛰어나 일반 간이 저장시설에서도 장기 저장이 가능합니다. 잎이 길고 굵으며 농록색을 띠고 생육이 왕성하여 노균병 등 병충해에 강합니다.

+ 옥석황양파 : 허리가 높은 납작한 원형으로 평균 무게는 200~300g 정도입니다. 잎은 녹색으로 가늘고 식물의 세력이 강하여 노균병에 강합니다. 저장성이 우수하여 이듬해 2월까지 부패구 발생이 적습니다.

+ 정풍황양파 : 비교적 빨리 자라 6월 상순이면 수확이 가능한 품종으로 순도가 고르며 노균병에 강해 재배하기가 쉽습니다.

3. 기타 품종

• 샬롯

샬롯은 일반 양파의 1/4 정도 크기로 '미니 양파'라고도 불립니다. 외관은 양파와 매우 유사하지만 양파보다 강한 단맛을 가지고 있으며 항산화물질과 비타민 등이 가득한 품종입니다. 샬롯에는 항산화물질인 퀘르세틴의 함량이 양파보다 2.7배 더 많이 들어있어, 암 발생 위험을 감소시키고 나쁜 콜레스테롤 생성을 억제해 최적의 콜레스테롤 수치를 유지해줍니다. 양파보다 세밀한 층을 가지고 있기 때문에 수분이 적어 6개월 이상 저장이 가능하다는 특징도 있습니다. 주로 프랑스와 이탈리아 요리에 향미 채소로 사용되며, 피클 등 절임용으로도 애용됩니다.

• 페코로스

페코로스는 샬롯보다도 작은 3~4cm 크기의 양파로 '쁘띠 양파'라고도 불립니다. 크기가 작아 껍질을 벗기기는 어려우나 저장성이 좋고, 주로 수프나 피클용으로 사용합니다.

• 잎양파

잎과 함께 수확하는 잎양파는 초봄의 짧은 기간 농안만 유통되는 품종입니다. 달래와 외관이 비슷하며, 잎의 향기가 좋고 부드러워 파 대신 많이 쓰입니다.

🌀 양파요리의 기본 ―――――――――――――――

■ 양파 구입법

음식의 기본은 좋은 재료! 신선한 양파를 사용하면 더욱 맛있는 요리를 만들 수 있습니다. '좋은 양파'는 껍질이 밝은 주황색으로 아주 선명하며 잘 말라있고, 손으로 눌러보았을 때 무르지 않고 단단해야 합니다. 양파를 들었을 때는 약간의 무게감이 있고 크기가 균일한 것이 좋으며, 양파를 잘랐을 때는 속에 싹이 없는 것이 좋은 양파입니다. 싹이 나 있는 양파는 푸석거리거나 속이 빈 경우가 많고, 보관을 잘못하면 악취가 나니 주의합니다. 싹이 보이지 않고 어두운색을 띠지 않으면서 껍질이 얇지만 잘 벗겨지지 않는 것으로 구입하면 됩니다.

• 국내산 양파와 중국산 양파 구별법

국내산		중국산	
통 양파	깐 양파	통 양파	깐 양파
껍질이 부드러워 잘 찢어지고, 뿌리털이 대부분 남아있으며, 줄기 부분이 깁니다.	세로줄이 희미하고 간격이 넓으며, 조직이 연합니다. 비늘의 쪽수가 적고 겉면이 전체적으로 흰색을 띠고 있습니다.	껍질이 질기고 잘 찢어지지 않으며, 뿌리털이 제거되어 있고, 줄기 부분이 짧습니다.	세로줄이 뚜렷하고 간격이 좁으며, 조직이 단단합니다. 비늘의 쪽수가 많고 겉면이 전체적으로 녹색을 띠고 있습니다.

■ 양파 보관법

좋은 양파를 구입했다면 이제는 보관 방법을 알아봅시다. 양파는 수분이 많기 때문에 비닐 봉투에 보관하면 수분이 빠져나가지 못해 쉽게 무르고 역한 냄새를 풍기며 금방 썩어버립니다. 이는 냉장고에 보관해도 마찬가지인데요. 가장 올바른 보관법은 양파 망에 담겨 있는 상태 그대로 통풍이 잘 되는 서늘한 곳에 걸어 보관하는 것입니다. 또한 양파가 서로 맞닿아 있으면 습기가 생기고, 양파끼리 부딪혀 상처가 날 수 있으니 양파와 양파 사이를 끈으로 묶어 서로 닿지 않게 해주는 것이 좋습니다.

> • 양파 보관 TIP (feat. 스타킹)
> 양파를 낱개로 구매해 양파 망이 없다면 스타킹을 활용해 보관할 수 있습니다.
> 1. 스타킹에 양파 하나를 넣고, 양파 바로 위에서 매듭을 묶어줍니다.
> 2. 그 위에 양파를 넣고, 또 다시 양파 위에서 매듭을 묶어줍니다.
> 3. 이 과정을 4~5회 반복한 다음, 통풍이 잘 되고 서늘한 장소에 매달아 보관하면 끝!
> 4. 양파를 사용할 땐, 가위로 매듭 아래를 톡 잘라서 사용하면 됩니다.
>
> + 양파를 하나씩 넣고 매듭을 묶어주는 이유는 양파끼리 닿지 않도록 하기 위해서입니다. 이렇게 하면 습기나 상처가 생기지도 않고 아래쪽부터 톡톡 잘라 사용하면 되기 때문에 훨씬 편리합니다. 스타킹 하나당 양파는 다섯 개 정도 보관할 수 있습니다.

잘 마르지 않은 양파를 구입했다면? 그늘에 쫙 펴서 완전히 말린 다음 보관합니다.
껍질을 깐 양파나 손질 후 남은 양파는? 밀폐용기에 담아 냉장고 신선실에 보관하는 것이 좋습니다. 하지만 양파를 썬 채로 오래 두면 양파 특유의 톡 쏘는 맛이 사라지므로 가급적 통째로 보관도록 합니다.
냉동 보관을 하고 싶다면? 양파를 용도에 맞게 손질한 다음 살짝 볶아서 소분해 얼리면 필요할 때마다 간편하게 사용할 수 있습니다.
대량의 양파를 보관하고 싶다면? 껍질을 벗겨 적당한 크기로 자른 다음 건조시켜 양파말랭이나 양파가루로 만들어 보관합니다.

> • 내맘의 양파 보관 TIP
> 1. 양파말랭이
> 양파를 깨끗이 씻어 0.5cm 두께로 채 썬 다음, 식품건조기에 골고루 펼쳐 70℃에서 12시간 정도 완전히 건조하면 완성입니다. 만약 식품건조기가 없다면 채 썬 양파를 채반에 펼쳐 바람이 잘 통하는 곳에 두고 3~4일 동안 자연 건조합니다.
> 2. 양파가루
> 양파말랭이를 기름을 두르지 않은 마른 팬에 넣고 중간 불에서 갈색이 될 때까지 볶고 한 김 식힙니다. 식은 양파말랭이를 믹서에 넣고 곱게 갈면 완성입니다.

■ 양파 손질법

① 양파의 양 끝부분을 칼로 잘라냅니다.

② 양파의 껍질을 벗깁니다.

+ 양파 껍질은 깨끗이 씻은 다음 육수에 넣어 활용하거나 차로 우려 마실 수 있습니다.

③ 양파를 흐르는 물에 깨끗이 씻은 다음 용도에 맞게 잘라 사용합니다.

■ 양파 써는 방법

① 채 썰기
볶음, 덮밥 고명, 조림 등

② 링 썰기
구이, 샌드위치, 어니언링 튀김 등

③ 다지기
볶음밥이나 양파소스, 양념장 등

④ 깍둑썰기(작은 양파는 4등분, 큰 양파는 6등분)
양파피클, 양파장아찌, 양파조림, 찌개, 카레라이스 등

• **양파 썰기 TIP**

양파를 썰다보면 눈이 매워 눈물이 납니다. 이는 양파에 들어있는 최루성 물질의 효소가 칼질을 할 때마다 활성화되어 휘발성 물질인 프로페닐스르펜산$^{propanesulfonic\ acid}$을 분비하기 때문인데요, 공기 중으로 휘발된 프로페닐스르펜산이 눈에 닿는 순간 눈물이 나게 되는 것입니다.

이처럼 눈물이 나는 것을 막기 위해서는 첫째 양파를 미리 찬물에 10분 정도 담가두거나, 둘째 칼에 물을 묻혀 자르거나, 셋째 근처에 초를 켜두고 손질하면 도움이 됩니다.

■ 양파와 어울리는 재료

조림, 볶음, 튀김, 찌개, 생채 등 다양한 요리에 폭넓게 활용되고 있는 양파는 수분이 전체의 90%를 차지하지만 단백질, 탄수화물, 비타민C, 칼슘, 인, 철 등의 영양소도 다량 함유되어 있는 효자 식품입니다. 한국인의 식탁에서 빠질 수 없는 식재료인 양파는 생으로 먹기도 하고 다른 재료와 함께 조리하기도 하는데요. 조리 방법도 쉽고 어떤 재료와도 잘 어울려 웬만한 요리에는 빠지지 않는 감초 같은 채소입니다.

팔방미인인 양파는 어떤 식재료와도 최고의 조합을 보이지만 그중 특히 더 잘 어울리는 재료 몇 가지를 소개해드리겠습니다.

1. 돼지고기

양파는 수분이 많고 특유의 매운맛이 있어서 기름진 음식과 함께 먹으면 입안을 개운하게 해주는 작용을 합니다. 육류와 기름을 많이 사용하는 중국 음식에 양파를 곁들여먹는 까닭도, 양파가 느끼한 맛을 없애주고 입안을 산뜻하게 해주기 때문입니다.

양파를 돼지고기와 함께 섭취하면 피가 맑아지는 효과를 볼 수 있습니다. 또한 소화를 촉진시키고 입맛을 돋우는 역할을 하기 때문에 소화력이 약한 사람은 돼지고기 요리에 양파를 넣어 함께 먹으면 소화 흡수율이 좋아집니다. 이외에도 살균 · 해독 작용으로 돼지고기가 상하는 것을 방지해 주기도 합니다. 돼지고기를 재울 때 풍미를 높이기 위해 양파를 갈아 넣기도 하는데, 이런 경우 맛이 좋아짐은 물론 돼지고기가 쉽게 상하지 않아 보다 오래 먹을 수 있습니다.

2. 닭고기

양파에는 아미노산이 많아 특유의 단맛이 있습니다. 이 단맛 때문에 닭고기와 양파를 함께 조리하면 닭의 잡냄새를 없앨 수 있을 뿐 아니라, 육질에 양파의 향이 은은하게 배어 닭고기의 맛이 한층 더 배가 됩니다.

3. 브로콜리

브로콜리는 서양인들에게 항암 채소로 인식되어 있습니다. 실제로 브로콜리에는 비타민C, 베타카로틴$^{β\text{-}carotene}$, 비타민E, 루테인^{lutein}, 셀레늄^{selenium}, 식이섬유 등 자연의 항암물질이 다량 함유되어 있습니다. 이런 브로콜리를 조리할 때 양파를 곁들이면 브로콜리의 항암 작용이 더욱 커져 암 예방을 위한 시너지 효과를 기대할 수 있습니다. 또한 양파와 브로콜리를 함께 먹으면 단맛과 아삭한 식감이 조화를 이루어 맛도 훌륭합니다.

4. 해조류

양파를 파래, 미역, 다시마 등의 해조류와 함께 먹으면 혈전생성 예방에 도움이 됩니다. 특히 다시마는 양파의 영양성분을 고스란히 보존하면서도, 양파 특유의 냄새를 제거하는 데 효과적입니다.

5. 과일

양파는 비타민의 흡수를 도와주는 역할을 하기 때문에 과일과도 아주 잘 어울립니다. 과일과 함께 샐러드를 만들거나 즙으로 섭취하면 비타민을 더욱 잘 흡수할 수 있습니다.

CHAPTER 2

양파로
만드는 한 상

양파 덮밥

양파를 간장소스에 졸여 밥과 함께 슥슥 비벼먹는 덮밥입니다. 간
단한 재료로 만들었지만 속을 든든하게 채워주는 음식으로 취향에
따라 마요네즈를 뿌려 먹으면 더욱 맛있습니다.

+ Ingredients

양파덮밥
양파 大 1개
밥 2공기
마요네즈 적당량
파 적당량

간장소스
간장 4T
물 4T
미림 1T
올리고당 1T
사과식초 1T
다진 마늘 1T
후춧가루 약간

+ Cook's tip

- 천천히 약한 불에서 조리해야 맛있는 양파덮밥을 만들 수 있습니다.
- 간장소스는 쯔유(일본식 맛간장)로 대체 가능합니다.
- 양파덮밥에 연어를 얹으면 사케동으로 먹을 수 있습니다.

재료를 준비합니다.

양파는 적당한 두께로 채 썰고, 파는 송송
썰어 준비합니다.

볼에 분량의 간장소스 재료를 모두 넣고
골고루 섞습니다.

냄비에 채 썬 양파를 넣고 간장소스를
부어 중간 불로 끓입니다.

간장소스가 끓기 시작하면 약한 불로 줄
이고 양파가 갈색으로 변할 때까지 약
10분간 졸여 양파덮밥소스를 만듭니다.

그릇에 밥을 담고 양파덮밥소스를 얹은
다음 마요네즈와 송송 썬 파를 올리면
완성입니다.

소고기 토마토 양파 스튜

무수분으로 푹 끓여낸 소고기 토마토 양파스튜입니다. 부담 없이 즐길 수 있는 요리로 그냥 먹어도 좋지만, 바게트나 호밀빵 또는 밥을 곁들이면 든든한 한 끼 식사가 됩니다.

+ Ingredients ──────────────────────────────

소고기 토마토 양파스튜

양파 中 3개
토마토 中 4개
소고기 채끝살 300g
버터 1조각

토마토 페이스트 100g
소금 약간
후춧가루 약간

+ Cook's tip ──────────────────────────────

• 소고기 대신 다른 고기를 사용해도 좋습니다.

• 소고기를 구울 때 버터를 넣으면 풍미가 살아납니다. 만약 버터가 없다면 식용유를 사용해도 좋습니다.

• 취향에 따라 감자나 당근 등 다른 채소를 추가해도 좋습니다.

재료를 준비합니다.

토마토의 꼭지를 제거하고, 아래쪽에 십자(十) 모양으로 칼집을 낸 다음 끓는 물에 살짝 데칩니다.

데친 토마토는 껍질을 벗겨 적당한 크기로 자르고, 양파는 채 썰어 준비합니다.

키친타월로 소고기의 핏물을 제거한 다음, 버터를 두른 팬에 올려 중간 불로 소고기를 굽습니다.

앞뒤로 적당히 익은 소고기는 먹기 좋은 크기로 잘라 준비합니다.

냄비에 양파, 토마토, 소고기 순으로 넣고, 뚜껑을 덮어 약한 불로 끓입니다.

중간중간 한 번씩 저으면서 약한 불에서 40분간 푹 끓입니다.

마지막으로 토마토 페이스트를 넣고, 취향에 따라 소금과 후춧가루로 간을 맞추면 완성입니다.

무수분 양파카레

양파를 끓이면서 생기는 수분으로 재료를 익히는 무수분 양파카레 입니다. 물이 들어가지 않아 더욱 진한 카레의 맛을 느낄 수 있습니다. 끓일수록 올라오는 양파의 단맛과 감칠맛으로 깊은 풍미의 카레가 완성됩니다.

+ Ingredients

무수분 양파카레
양파 大 2개
카레용 돼지고기(목살) 150g
고형카레(카레가루) 20g

+ Cook's tip

- 물을 붓지 않고 양파에서 나온 수분으로만 만드는 음식이기 때문에 카레의 영양 손실이 적습니다.
- 카레의 농도가 너무 되직하다면 필요에 따라 물을 조금 넣어도 됩니다(저수분 요리).
- 취향에 따라 토마토를 함께 넣어 조리해도 좋습니다.

재료를 준비합니다.

양파를 0.3cm 두께로 채 썰어 준비합니다.

채 썬 양파를 냄비에 넣고 카레용 돼지
고기를 올린 다음, 뚜껑을 덮어 약한 불
에서 1시간 동안 조리합니다.

중간에 한 번씩 저어주며 양파에서 물기
가 잘 나오는지 확인합니다.

충분히 물기가 나왔다면 고형카레를 넣고
약한 불에서 잘 저으며 풀어주면 완성입
니다.

프렌치 어니언수프

양파를 볶아서 푹 끓여 달달하면서도 감칠맛이 나는 프렌치 어니언수프입니다. 수프만 먹어도 좋지만 빵과 치즈를 얹으면 맛은 물론 속이 든든해 한 끼 식사로도 손색없습니다. 오븐이 없다면 전자레인지에 넣고 치즈가 녹을 때까지 돌리면 완성됩니다.

+ Ingredients ──────────────────────────

프렌치 어니언수프

양파 中 3개
버터 40g
다진 마늘 1t
밀가루 1t
물 3T
화이트와인 100ml
닭육수 500ml

바게트 4조각
모차렐라치즈 50g
파슬리가루 약간

+ Cook's tip ──────────────────────────

• 양파는 일정한 굵기로 채 썰어야 볶을 때 색이 고르게 납니다. 양파를 볶을 때는 타지 않도록 주의합니다.

• 닭육수가 없다면 물 500ml에 치킨스톡 1조각을 넣어 만들면 됩니다.

• 수프를 끓이는 도중 떠오르는 거품을 걷어내야 깔끔한 맛의 어니언수프를 만들 수 있습니다.

• 바게트를 너무 두껍게 자르면 수프를 많이 흡수하니 너무 두껍지 않게 자릅니다.

재료를 준비합니다.

양파를 일정한 굵기로 얇게 채 썹니다.

달군 팬에 버터를 두르고, 채 썬 양파와
다진 마늘을 넣어 약한 불에서 볶습니다.

양파가 갈색이 될 때까지 계속 볶습니다
(캐러멜라이징).

양파에 밀가루와 물을 넣고 섞어 걸쭉하
게 만듭니다.

화이트와인을 넣고 알코올이 날아갈 때
까지 볶습니다.

닭육수를 넣고 약한 불에서 40분간 푹
끓여 어니언수프를 만듭니다.

오븐 용기에 어니언수프를 넣고 바게트
와 모차렐라치즈, 파슬리가루를 얹어
180℃로 예열한 오븐에서 10분간 구우
면 완성입니다.

양파 오이무침

정말 쉽고 간단하게 만들 수 있는 양파 오이무침입니다. 무쳐서
바로 먹을 때는 절이지 않고 만드는 것이 좋지만, 많은 양을 무쳐
서 보관하고 싶다면 오이를 소금에 절였다가 물기를 제거한 뒤 무
치면 됩니다.

+ Ingredients

양파 오이무침
양파 中 1개
오이 1개
대파 적당량

양념
고춧가루 2T
매실청 1.5T
다진 마늘 1T
소금 1/2t

+ Cook's tip

- 부족한 간은 소금으로 조절합니다.
- 무침에 물기가 생기는 것이 싫다면 오이를 소금에 10분 정도 절였다가 물기를 꽉 짠 다음 무치면 됩니다.

재료를 준비합니다.

양파를 0.5cm 두께로 채 썰어 준비합니다.

오이는 세로로 반을 자른 다음 어슷썰기
하고, 대파도 어슷썰기 해 준비합니다.

작은 볼에 분량의 양념 재료를 모두 넣고
섞습니다.

양파와 오이, 대파를 넣은 볼에 4번의
양념을 넣고 골고루 버무리면 완성입니다.

돼지고기 양파조림

양파를 넣어 더욱 감칠맛 나는 돼지고기 양파조림입니다. 부드러운 돼지고기의 식감과 양파의 달콤함이 느껴지는 국물의 조화가 아주 일품인데요. 밥 한 공기를 뚝딱 비울 수 있는 반찬입니다.

+ Ingredients

돼지고기 양파조림
돼지목살 500g
양파 中 2개
표고버섯 2개
대파 적당량
식용유 1큰술

다시마육수
물 500ml
다시마(4cm×5cm) 4장

조림장
다시마육수 500ml
설탕 2T
간장 6T
미림 1T

+ Cook's tip

• 조림장을 끓일 때, 중간중간 올라오는 거품은 걷어냅니다.

• 돼지목살이 아닌 다른 부위를 사용해도 좋고, 소고기나 닭고기로 만들어도 아주 맛있습니다.

• 다시마육수는 찬물에 다시마를 넣어 30분 이상 우려서 만들어도 됩니다.

재료를 준비합니다.

돼지목살은 먹기 좋은 크기로 자르고 양파
는 4등분으로 썰어둡니다.

표고버섯은 밑동을 제거하고 적당한 크기
로 썰어 준비합니다.

냄비에 물을 붓고, 다시마를 넣은 다음
센 불에서 끓입니다.

물이 끓기 시작하면 다시마를 건져 다시마
육수를 만듭니다.

중간 불로 달군 냄비에 식용유를 두르고
돼지목살을 볶습니다.

고기가 익어 기름이 돌기 시작하면 표고
버섯을 넣고 살짝 볶습니다.

그릇에 분량의 조림장 재료를 모두 넣어
섞은 다음 냄비에 붓고 센 불에서 끓입
니다.

조림장이 끓기 시작하면 중약 불로 줄이
고 뚜껑을 덮어 10분간 익힙니다. 이때
중간중간 올라오는 거품은 제거합니다.

조림장이 반 정도로 줄어들면 양파를
넣고 25분간 약한 불로 조립니다.

조림장이 자박해졌을 때 대파를 송송
썰어 올리면 완성입니다.

양파 참치 볶음

쉽고 간단하게 만들 수 있는 양파 참치볶음입니다. 재료가 간단해 냉장고 털이 음식으로 아주 좋은데요. 짭조름한 참치와 달콤한 양파가 너무나도 잘 어울리는 데일리 반찬입니다.

+ Ingredients

양파 참치볶음

참치통조림 1캔(100g)
양파 大 1개
대파 적당량
홍고추 1개
청고추 1개
식용유 1T
소금 약간

+ Cook's tip

• 참치는 오래 볶으면 수분이 날아가 무석해지기 때문에 재빠르게 볶아야 합니다.

재료를 준비합니다.

참치통조림은 체에 밭쳐 기름을 제거합니다.

양파는 0.5cm 두께로 채 썰어 준비합니다.

대파는 어슷썰기 하고, 홍고추와 청고추는 송송 썰어서 준비합니다.

팬에 식용유를 두르고 양파를 넣어 중간 불로 볶다가, 양파가 투명해지면 약한 불로 줄인 다음 2번의 기름을 뺀 참치를 넣고 볶습니다.

마지막으로 대파와 고추를 넣고 볶다가 기호에 따라 소금으로 간을 맞추면 완성입니다.

샬롯 방울토마토조림

미니 양파라고 불리는 샬롯을 방울토마토와 함께 조림으로 만들면 먹기도 편할뿐더러 맛의 조화도 뛰어나 훌륭한 반찬이 됩니다. 샬롯은 양파보다 강한 단맛을 가지고 있기 때문에 양파를 잘 안 먹는 아이들도 맛있게 먹을 수 있습니다.

+ Ingredients

샬롯 방울토마토조림
샬롯 200g
방울토마토 8개(90g)
마늘 5톨
올리브유 1t

소스
물 200ml
토마토퓨레 3T
바질 2g
오레가노 0.1g
올리고당 1t
화이트와인 1T
소금 1꼬집

+ Cook's tip

• 샬롯과 방울토마토, 마늘은 항암 효과가 있는 식재료로 건강하게 즐길 수 있습니다.
• 화이트와인은 재료들의 비린 맛을 잡아주는 역할을 합니다. 만약 화이트와인이 없다면 청주나 미림, 소주 등으로 대체 가능합니다.
• 기호에 따라 소금으로 간을 더해도 좋습니다.

재료를 준비합니다.

방울토마토는 꼭지를 떼고 깨끗하게 씻어 십자(十) 모양으로 칼집을 냅니다.

칼집 낸 방울토마토를 끓는 물에 30초 정도 살짝 데친 후, 찬물에 식히고 껍질을 벗겨 준비합니다.

마늘은 편으로 썰어둡니다.

팬에 올리브유를 두르고 약한 불에서 마늘을 볶습니다. 마늘 향이 솔솔 올라올 때쯤 샬롯을 넣고 2분간 볶습니다.

분량의 소스 재료를 모두 넣고 뚜껑을 덮어 조리다가 어느 정도 소스가 줄어들었을 때, 데친 방울토마토를 넣어 살짝 볶으면 완성입니다.

양파 두부조림

양파의 달달함과 짭조름하고 매콤한 양념이 일품인 양파 두부조림
입니다. 특별한 재료 없이 양파 하나만 있어도 감칠맛 나는 반찬
을 만들 수 있습니다. 매운맛을 좋아한다면 청양고추를 송송 썰어
넣어도 좋습니다.

+ Ingredients

양파 두부조림
양파 中 1개
두부 1모

다시마육수
물 400ml
다시마(5cm×5cm) 2장

양념
다진 파 1T
다진 마늘 1T
고춧가루 2T
설탕 1t
깨소금 1t
진간장 2T
들기름 1T
소금 1t
다시마육수 400ml

+ Cook's tip

• 취향에 따라 청양고추를 추가해도 좋습니다.
• 부족한 간은 소금으로 조절합니다.

재료를 준비합니다.

양파는 0.5cm 두께로 채 썰고, 두부는
2등분하여 1cm 두께로 썰어줍니다.

물에 다시마를 넣고 15분 동안 우려 다시
마육수를 만듭니다.

작은 볼에 분량의 양념 재료를 모두 넣고
골고루 섞어줍니다.

냄비에 양파, 두부, 양념을 순서대로 넣
고 뚜껑을 덮은 상태에서 센 불로 조립
니다.

양념이 끓기 시작하면 줌야 불로 줄여
25분간 더 조리면 완성입니다.

양파 말랭이 무침

양파말랭이를 매콤한 고추장 양념에 맛있게 무쳤습니다. 양파말랭이는 물에 살짝 불리면 쫀득한 식감이 살아나 씹는 재미가 있습니다. 한 번 만들어 두면 한동안은 반찬 걱정 없는 우리집 효자 반찬입니다.

+ Ingredients

양파말랭이무침
양파말랭이 1줌(50g)

양념
고추장 1T
간장 1t
매실청 1t
다진 마늘 1t
식초 1/2t
참기름 1/2t
다진 파 1T
깨 적당량

+ Cook's tip

- 양파말랭이 만드는 방법은 '양파 보관법 : 대량의 양파 보관 TIP(p.120)'을 참고합니다.
- 양파말랭이는 살짝 물에 헹궈서 불순물을 제거한 다음 불려줍니다.
- 양파말랭이를 물에 오래 담가두면 쫀득한 식감이 사라지므로 30분 정도가 적당합니다.

+ Directions

1

재료를 준비합니다.

2

양파말랭이를 볼에 넣고 물을 부은 다음 30분 정도 불립니다.

3

불린 양파말랭이를 꽉 짜서 수분을 제거하고 분량의 양념 재료를 모두 넣어 골고루 무치면 완성입니다.

양파떡갈비

양파의 달콤함과 갈비의 쫄깃하고 고소한 맛이 일품인 양파떡갈비입니다. 양파링 안에 갈비를 채워 넣어 깔끔한 모양이 특징입니다. 단짠의 간장양념으로 입맛을 사로잡아 남녀노소 누구나 좋아할 메뉴입니다.

+ Ingredients

양파떡갈비
소갈비 1kg
양파 大 1개
밀가루 3T
식용유 1T

간장양념
잣가루 2T
다진 마늘 1T
간장 3T
생강가루 약간
후춧가루 약간
소금 1/4t
깨 1/2t
참기름 1T

다진 파 1T
찹쌀가루 3T
설탕 1T
미림 1T

+ Cook's tip

- 갈빗살 대신 다진 소고기를 사용해도 좋습니다.
- 떡갈비를 구울 때 양파와 갈빗살이 떨어지지 않도록 약한 불에서 천천히 굽습니다.
- 석쇠에 구우면 더욱 깊은 풍미를 느낄 수 있습니다.

재료를 준비합니다.

볼에 소갈비를 넣고 갈비가 잠기도록 물
을 부은 다음, 하루 정도 담가 핏물을 빼
줍니다.

소갈비의 **뼈**와 질긴 힘줄, 기름기를 제거
하고 살만 발라내 곱게 다집니다.

작은 볼에 분량의 간장양념 재료를 모두
넣고 섞습니다.

곱게 다진 갈빗살에 4번의 간장양념
을 넣어 치댑니다. 이때 간장양념은 1T
정도 남겨둡니다.

양파를 1cm 두께로 자른 다음 링으로 분리
합니다.

분리한 양파링 위에 밀가루를 체에 내려
밀가루옷을 입힙니다.

양파링에 양념한 갈빗살을 넣어 모양을
만듭니다.

뜨겁게 달군 팬에 식용유를 두르고 양파
떡갈비를 올립니다.

중간중간 5번에서 남겨둔 간장양념을 발
라가며 약한 불에서 앞뒤로 골고루 익히
면 완성입니다.

자색양파 비프샐러드

자색양파의 색감이 샐러드의 화려함을 더해주는 비프샐러드입니다. 컬러 푸드로 각광받고 있는 자색양파는 과일과도 잘 어울려 맛과 멋을 겸비한 식재료라고 할 수 있습니다.

+ Ingredients

자색양파 비프샐러드

자색양파 中 1개
방울토마토 12개(150g)
비프 100g
양상추 150g

드레싱

사과식초 2T
사과주스 3t
해바라기씨유 2T
참기름 1T
소금 1꼬집
후춧가루 약간

+ Cook's tip

• 자색양파는 아삭하고 단맛이 많아 샐러드 재료로 잘 어울립니다.

• 비프는 닭가슴살로 대체해도 좋습니다.

• 기호에 따라 다양한 샐러드 재료를 추가하여 만들 수 있습니다.

재료를 준비합니다.

자색양파를 8등분한 다음 먹기 좋게 낱
개로 떼어내고, 찬물에 30분 이상 담가
아린 맛을 제거합니다.

방울토마토는 꼭지를 제거하고, 반으로
잘라 준비합니다.

작은 볼에 분량의 드레싱 재료를 모두
넣고 섞어 드레싱을 만듭니다.

볼에 양파를 넣고 양상추는 먹기 좋은
크기로 찢어 넣습니다. 그 위에 방울토
마토와 비프를 넣습니다.

4번에서 섞어둔 드레싱을 뿌리고 골고
루 버무리면 완성입니다.

양파 꽃튀김 (블루밍어니언)

활짝 핀 꽃 모양으로 눈길을 사로잡는 양파꽃튀김(블루밍어니언)
입니다. 토마토케첩이나 어니언소스에 콕 찍어 먹으면, 아이들 간
식으로도 맥주 안주로도 손색없습니다. 비주얼 끝판왕 레시피답
게 손님 초대상이나 특별한 날 만들면 아주 좋습니다.

+ Ingredients

양파꽃튀김
양파 大 1개
치킨파우더 1컵
우유 30ml
달걀 2개
빵가루 1컵
파슬리 1t
오일 2T

어니언소스
양파 小 1/2개
마요네즈 4T
요거트 1T
꿀 1T
후춧가루 1꼬집
소금 1꼬집

+ Cook's tip

- 양파는 크기가 클수록 좋습니다.
- 양파에 칼집을 낼 때, 양파 앞뒤에 나무젓가락을 두면 일정한 깊이로 칼집을 낼 수 있습니다.
- 에어프라이어는 제품마다 사양이 다르니 온도와 시간은 제품에 따라 가감합니다.

어니언소스 만들 재료를 준비합니다.

양파를 강판에 곱게 갑니다.

간 양파에 남은 재료를 모두 넣고 골고
루 섞은 다음, 냉장고에서 하루 정도 숙
성시켜 준비합니다.

양파꽃튀김 만들 재료를 준비합니다.

양파의 위쪽을 평평하게 자른 다음, 나
무젓가락 등의 도구를 이용해 상피 끝을
0.5cm 정도 남겨두고 16등분으로 칼집
을 냅니다.

칼집 낸 양파를 찬물에 30분 정도 담가
이린 맛을 제거하고, 동시에 양파 꽃이 피
도록 만듭니다.

키친타월을 이용해 양파 사이사이의 물기를 닦아냅니다.

채를 이용해 치킨파우더를 양파 사이사이에 골고루 뿌립니다.

볼에 우유와 달걀을 넣고 섞어 달걀물을 만들고 치킨파우더를 묻힌 양파를 담가 옷을 입힙니다. 치킨파우더와 달걀옷 입히는 과정을 3회 반복합니다.

빵가루에 파슬리와 오일을 넣고 섞어 튀김옷을 만듭니다.

달걀옷을 입은 양파에 튀김옷을 골고루 묻힙니다.

튀김옷까지 입힌 양파를 에어프라이어에 넣고, 180℃에서 10분간 조리하면 완성입니다.

떠먹는 양파피자

밀가루 대신 양파로 도우를 만들어 수저로 편하게 떠먹는 양파피
자입니다. 도우가 된 양파와 토핑 재료가 잘 어울려 부담 없이 먹
을 수 있습니다. 오븐에 구우면 좋지만 오븐이 없다면 전자레인지
로도 충분히 만들 수 있습니다.

+ Ingredients ─────────────────────────────

떠먹는 양파피자

양파 大 1개
모차렐라치즈 170g
바질잎 3g
미니 페페로니 18개(30g)
블랙올리브 3개(9g)

오일 1T
시판용 토마토스파게티 소스 3T

+ Cook's tip ─────────────────────────────

- 오븐이 없다면 전자레인지에 4분 정도 돌려 치즈를 녹이면 됩니다.
- 빵을 곁들여먹거나, 기호에 따라 다양한 토핑을 얹어 구워도 맛있습니다.

재료를 준비합니다.

양파는 채 썰고, 블랙올리브는 적당한
크기로 썰어 준비합니다.

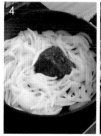

팬에 오일을 두르고 채 썬 양파를 넣어
중약 불로 볶습니다.

양파가 투명해지면 약한 불로 줄이고 토마
토스파게티 소스를 넣어 살짝 볶습니다.

오븐 그릇에 볶은 양파를 담고, 모차렐
라치즈를 듬뿍 얹습니다.

치즈 위에 바질잎과 미니 페페로니, 블
랙올리브를 얹은 다음, 180℃로 예열한
오븐에서 10분간 구우면 완성입니다.

양
파
빵

식빵믹스로 간단하게 만드는 양파빵입니다. 아이들이 좋아하는 소시지가 들어가서 간식 대용으로도 좋고, 간단한 아침 식사로도 아주 좋습니다. 양파를 볶아서 매운맛을 없애고, 오븐에 다시 구워 달달한 맛이 가득한 별미입니다.

+ Ingredients

양파빵

따뜻한 물 210ml	양파 大 2개	모차렐라치즈 150g
이스트 1봉(4g)	소시지 1개(78g)	토마토케첩 약간
식빵믹스 1봉(376g)	식용유 1T	마요네즈 약간
	소금 1꼬집	파슬리가루 약간
	후춧가루 약간	

+ Cook's tip

- 식빵믹스는 어느 브랜드의 제품을 사용하든 상관없으며, 시판용 식빵믹스에는 이스트가 동봉되어 있으니 따로 구매하지 않아도 됩니다.
- 제빵기가 있으면 훨씬 편하게 반죽할 수 있습니다.
- 좀 더 부드러운 빵을 만들고 싶다면 반죽에 달걀 1개를 넣거나 올리브유 또는 식용유 1t을 추가로 넣어 반죽하면 됩니다.

재료를 준비합니다.

볼에 따뜻한 물과 이스트를 넣어 잘 섞은 다음, 식빵믹스를 넣어 날가루 없이 한 덩어리가 되도록 반죽합니다.

반죽이 완성되면 랩을 씌워 따뜻한 곳에서 반죽이 2배가 되도록 약 40분간 1차 발효합니다.

양파를 채 썹니다. 이때 채 썬 양파는 토핑용으로 조금 덜어둡니다.

소시지는 적당한 크기로 잘라 준비합니다.

식용유를 두른 팬에 양파와 소시지를 넣고 소금과 후춧가루로 간을 맞춘 다음, 양파가 살짝 투명해질 때까지 볶습니다.

1차 발효가 끝난 반죽을 손으로 눌러 가스를 빼고 다시 둥글게 모양을 잡은 다음, 실온에서 15분간 휴지시킵니다.

휴지가 끝난 반죽을 넓은 네모 모양으로 펴고, 6번의 볶은 양파+소시지를 올립니다.

양파+소시지가 빠지지 않도록 반죽을 돌돌 말아준 다음, 적당한 크기로 자릅니다.

원형틀에 반죽을 넣고 랩으로 감싼 다음, 반죽이 약 1.5배가 되도록 실온에서 30분간 2차 발효합니다.

발효가 끝나면 4번에서 미리 덜어둔 토핑용 양파를 얹습니다.

모차렐라치즈와 토마토케첩, 마요네즈, 파슬리가루를 뿌리고 180℃로 예열한 오븐에서 30분간 구우면 완성입니다.

양파 그라탱

든든하면서도 건강하게 즐길 수 있는 양파그라탱입니다. 먹음직스러운 비주얼만큼이나 맛도 일품이라 편식하는 아이들 간식으로 아주 좋습니다. 저는 감자를 넣어 만들었지만 고구마나 단호박을 넣어 만들면 또 다른 맛의 양파그라탱을 즐길 수 있습니다.

+ Ingredients

[양파그라탱]
양파 中 3개
감자 小 3개(250g)
모차렐라치즈 30g
파슬리가루 약간

버터 1t
설탕 1t
소금 1꼬집

+ Cook's tip

- 양파 속을 파낼 때는 작은 과도로 홈을 만들고, 티스푼을 이용하여 긁어내듯 파내면 됩니다.
- 감자는 뜨거울 때 으깨야 잘 으깨집니다.
- 으깬 감자에 마요네즈를 넣고 섞으면 부드러운 그라탱을 만들 수 있습니다.

재료를 준비합니다.

양파의 윗부분을 살짝 자르고 티스푼을 이용해 양파 속을 파냅니다. 구웠을 때 양파가 무너지지 않도록 두께를 1cm 정도 남기는 것이 좋습니다.

감자는 껍질을 벗겨 적당한 크기로 자릅니다.

전자레인지용 용기에 감자를 넣어 랩을 씌웁니다. 포크를 이용해 랩에 구멍을 뚫고 전자레인지에 8분간 돌려 익힙니다.

익힌 감자를 뜨거울 때 으깬 다음 버터와 설탕, 소금을 넣고 골고루 섞습니다.

잘 섞은 감자를 2번의 속을 파낸 양파에 채워 넣고 모차렐라치즈와 파슬리가루를 뿌린 뒤, 180℃로 예열한 오븐에서 15분간 구우면 완성입니다.

양파김치

🐦 양파 小 5개 분량　　🍳 30분 + 1~2일

아삭아삭한 식감이 매력적인 양파김치입니다. 입맛 없을 때, 감칠 맛 나는 양념 소에 버무린 양파김치 하나만 있으면 밥 한 공기 뚝딱! 집 나간 입맛도 금방 돌아옵니다.

+ Ingredients

양파김치
양파 小 5개
쪽파 4대
당근 1/4개

절임물
물 600㎖
소금 3T

찹쌀풀
물 100㎖
찹쌀가루 1T

김치양념
고춧가루 4T
다진 마늘 2T
새우젓 3t
매실액 1T
찹쌀풀 2T

+ Cook's tip

- 양파를 절인 상태로 김치를 만들면 양파가 무르지 않습니다.
- 양파김치는 상온에서 1~2일 정도 숙성 후 냉장 보관하여 드시면 됩니다.
- 찹쌀풀은 뭉칠 수 있으니 계속 저으며 끓이고, 양념에 넣기 전 식혀서 사용합니다.

재료를 준비합니다.

양파를 4등분으로 자릅니다.

물과 소금을 섞어 만든 절임물에 양파를 넣어 30분간 절입니다.

쪽파는 4cm 길이로 썰고, 당근은 채 썰어 준비합니다.

냄비에 찹쌀풀 재료를 모두 넣고 끓입니다. 찹쌀풀이 끓기 시작하면 약한 불로 줄이고, 3분간 계속 저으면서 끓여 되직하게 만든 뒤 식혀둡니다.

볼에 분량의 양념 재료를 모두 넣고 골고루 섞어 김치양념을 만듭니다.

절인 양파에 김치양념을 넣고 골고루 섞
습니다.

쪽파와 당근을 넣고 살짝 버무리면 완성
입니다.

양파장아찌

하루 만에 뚝딱 만들 수 있는 양파장아찌입니다. 고기 요리와 함께 먹으면 너무나도 잘 어울리고, 고지혈증과 동맥경화를 예방하는 효능까지 있어 음식 궁합이 아주 좋습니다. 짭조름한 절임간장은 다른 장아찌를 만들 때도 활용할 수 있으니 참고합니다.

+ Ingredients

양파장아찌
양파 小 6개
청고추 1개
홍고추 1개

절임간장
물 200ml
간장 160ml
식초 130ml
설탕 80g
다시마(5cm×5cm) 4장

+ Cook's tip

• 절임간장이 뜨거울 때 부어야 양파의 아삭한 식감을 살릴 수 있습니다.
• 절임간장이 완전히 식으면 밀봉한 다음 냉장고에서 하루 이상 숙성 후 드시면 됩니다.

재료를 준비합니다.

양파의 끝을 0.5cm 정도 남겨두고 8등분으로 칼집을 냅니다. 양파에 칼집을 낼 때 나무젓가락 등을 이용하면 일정한 깊이로 쉽게 칼집을 낼 수 있습니다.

청고추와 홍고추는 송송 썰어 준비합니다.

냄비에 분량의 절임간장 재료를 모두 넣고 센 불에서 끓입니다.

물이 끓기 시작하면 다시마를 건져내고, 설탕이 녹을 때까지 팔팔 끓입니다.

양파와 고추를 용기에 넣고 뜨거운 상태의 절임간장을 부은 뒤, 절임간장이 식으면 냉장고에서 하루 정도 숙성시키면 완성입니다.

양파피클

양파의 매운맛은 사라지고 새콤달콤한 맛만 남아 어떤 음식과도
잘 어울리는 양파피클입니다. 특히 고기 요리와 함께 먹으면 느끼
함을 잡아줘 맛있게 먹을 수 있는데요. 비트를 넣어 예쁜 색으로
물든 피클을 만들었습니다.

+ Ingredients

[양파피클]
양파 中 3개
비트 40g

[절임식초]
물 350ml
식초 300ml
설탕 225g
피클링스파이스 5g
월계수잎 2장
소금 1/2t

+ Cook's tip

- 절임식초가 뜨거울 때 부어야 양파의 아삭한 식감을 살릴 수 있습니다.
- 절임식초가 완전히 식으면 밀봉한 다음 냉장고에서 2~3일간 숙성 후 드시면 됩니다.
- 기호에 따라 오이, 배추, 파프리카 등을 함께 넣어 만들어도 좋습니다.
- 유리용기는 열탕 소독해 준비합니다. 냄비에 물을 붓고 유리용기를 거꾸로 놓은 상태로 물을 끓여 용기 안
  에 수증기가 차도록 합니다. 그다음 용기를 조심히 꺼내 똑바로 세워 식히면 됩니다.

재료를 준비합니다.

양파와 비트를 먹기 좋은 크기로 자릅
니다.

냄비에 절임식초 재료를 모두 넣고 센 불
에서 설탕이 녹을 때까지 팔팔 끓입니다.

양파와 비트를 열탕 소독한 유리용기에
담고 뜨거운 상태의 절임식초를 부어 식
힙니다.

절임식초가 완전히 식으면 뚜껑을 덮고
냉장고에서 2~3일간 숙성시키면 완성
입니다.

양
파
잼

🥄500g ⏱70분

쫀득쫀득한 양파의 식감과 달달한 맛이 어느 빵과도 잘 어울리는 양파잼입니다. 양파잼은 빵뿐만 아니라 요리에도 활용할 수 있는데요. 돼지고기와 잘 어울리기 때문에 돼지고기 찜이나 조림 등에 설탕 대신 사용하면 고기 특유의 누린내 제거에 도움이 됩니다.

+ Ingredients ────────

양파잼

양파 中 3개(600g)
설탕 400g
계피가루 1/4t
레몬즙 1t

+ Cook's tip ────────

• 양파잼은 냉장 보관하면 한 달까지 섭취가 가능합니다.
• 양파의 수분에 따라 조리 시간이 달라질 수 있으며, 양파의 물기가 없어질 때까지 졸이는 것이 중요합니다.
• 건더기가 없는 잼을 원한다면 양파를 강판이나 블랜더에 갈아서 만들면 됩니다.
• 유리용기를 열탕 소독하는 방법은 양파피클(p.198)의 tip을 참고합니다.

재료를 준비합니다.

양파를 잘게 다집니다.

냄비에 다진 양파를 넣고 설탕을 부어 골
고루 버무린 다음 30분 정도 재웁니다.

재운 양파+설탕을 중간 불에 올려 저으
면서 졸입니다. 설탕이 녹고 양파가 투명
해지면 약한 불로 줄여 30분 정도 더 졸입
니다.

양파에 물기가 없어질 때까지 졸이다가
계피가루와 레몬즙을 넣고 5분간 더 졸
입니다.

충분히 졸인 양파잼을 열탕 소독한 저장
용기에 넣으면 완성입니다.

안심Touch

PART. 3

두부

BEAN-CURD

CHAPTER 1

·

두부
이야기

두부 이야기

■ 두부의 유래

두부는 고대 중국에서 처음 만들어졌는데 정확히 어떤 계기로 어떻게 만들게 되었는지는 확인된 바가 없습니다. 우리나라에는 대략 고려 말에 원나라로부터 전래되었을 가능성이 큽니다. 그 이유는 우리 문헌에서 두부에 대한 최초의 기록이 고려 말 성리학자인 이색(李穡)의 《목은집(牧隱集)》이기 때문입니다.

> 니물국도 오래 믹으니 빗이 업는네
> 두부가 새로운 맛을 돋우어 주네.
> 이 없는 사람 먹기 좋고
> 늙은 몸 양생에 더없이 알맞다.
>
> 이색, 《목은집》, 〈대사구두부내향(大舍求豆腐來餉)〉 中

고려 말부터 발달하기 시작한 두부는 임진왜란을 거치며 일본으로 전해졌고, 일본이 동아시아의 패권을 잡으면서 동아시아 전역에 퍼지게 되었습니다. 특히 불교 문화권에서는 채식 문화가 발달하면서 고단백, 저칼로리, 저지방의 건강한 식재료인 두부를 많이 사용했습니다.

앞서 언급했듯이 두부의 유래는 정확하게 밝혀진 것이 없습니다. 다만 비공식적으로 몇 가지 가설이 있기는 합니다. 첫 번째로는 중국 한나라 시대 후아이난의 왕인 리우안이 나이가 들어 딱딱한 콩을 씹기 힘들어하는 어머니를 위해 두유를 만드는 과정에서 두부가 만들어졌다고 합니다. 지극한 효심이 감동적이긴 하지만 두유에서 두부로 넘어가는 과정이 명확하지 않기 때문에 주목을 받지는 못했습니다. 두 번째로는 간 콩을 끓이던 중 실수로 바닷소금을 쏟아 만들어졌다는 설이 있습니다. 바닷소금에는 두부를 응고시킬 때 필요한 칼슘과 마그네슘이 들어있고, 또 고대에는 콩으로 국을 끓여 먹었다고 하니 어느 정도 가능성은 있어 보입니다. 이 외에도 고대 중국인이 몽골의 치즈 만드는 방법을 차용해서 두부를 만들었다는 설 등 다양한 이야기가 전해오고 있습니다.

이런 수많은 가설들 중 어떤 것이 진짜 유래인지는 알 수 없습니다. 하지만 두부는 고단백 식품으로 건강에 좋고, 칼로리가 낮아 체중조절에도 도움을 주기 때문에 동아시아뿐만 아니라 전 세계적으로 많은 사람들이 즐겨 찾는 식재료가 되었습니다. 특히 육류 섭취가 많은 미국이나 캐나다 등 서구사람들에게는 식물성 단백질을 섭취할 수 있는 최고의 식재료로 각광받고 있습니다. 콩은 싫어해도 두부를 싫어하는 사람은 거의 없습니다. 특유의 고소함과 담백함으로 어떤 음식을 만들어도 잘 어울리는 두부, 맛은 물론 영양까지 챙길 수 있는 두부에 대해 조금 더 자세히 알아보겠습니다.

■ 두부의 영양 & 효능

두부는 만드는 과정에서 콩에 함유되어 있는 조섬유질과 수용성 탄수화물 일부가 제거되기 때문에 부드럽고 연하며 소화가 잘 되는 식품입니다. 또한 콩의 영양성분을 95%까지 흡수할 수 있어 건강한 식재료이자, 수분 함량이 높아 포만감을 주고 칼로리가 낮아 최적의 다이어트 식재료라고도 할 수 있습니다.

두부는 아미노산과 칼슘, 철분 등의 무기질이 많은 고단백 식품으로 성인병과 암 예방에 도움이 되고 노화방지에도 효과가 있습니다. 두부에 들어있는 칼슘은 우유 한 컵에 들어있는 양보다 많아 골다공증 예방에 좋고, 풍부한 수분과 식이섬유인 올리고당이 들어있어 변비 예방에도 좋은 식품입니다. 특히 두부에는 신경세포 생성에 도움이 되는 레시틴[lecithin] 성분이 있어 뇌 선상에도 도움이 된다고 알려져 있습니다.

■ 두부의 종류

찌개에 두부를 넣었는데 보들보들한 것이 아니라 금방 딱딱해지거나, 두부부침을 만들었는데 자꾸 부서져 곤란했던 경험이 다들 있으실 겁니다. 이는 두부의 종류에 대해 정확히 몰랐기 때문에 생긴 실수들입니다. 두부는 만드는 과정에서 가열하는 시간과 응고제, 굳히는 방법에 따라 여러 종류로 나뉘는데요. 각각의 두부마다 특징이 다르기 때문에 잘 알고 있으면 더욱 맛있는 음식을 만들 수 있습니다.

1. 순두부

순두부는 가장 부드러운 형태의 두부로 콩물을 끓인 다음 응고제를 넣어 몽글몽글하게 뭉쳐진 것을 바로 선져 먹는 두부입니다. 수로 순두부찌개나 덮밥, 프리타타 등을 만들 때 사용합니다.

2. 판두부

판두부는 순두부를 건져 두부 틀에 넣은 다음 눌러 물기를 빼면서 굳힌 두부입니다. 판에 넣어 만들었다고 해서 판두부, 네모난 모양 때문에 모두부라고 부르기도 합니다. 굳힌 정도에 따라 부드러운 것은 찌개용으로 사용하고, 단단한 것은 부침용으로 사용합니다.

3. 연두부

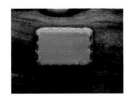

연두부는 순두부보다는 단단하고 판두부보다는 부드러운 두부입니다. 일반적인 두부와 만드는 방법은 동일하나 모양을 만드는 과정에서 물을 완전히 빼지 않아 말랑말랑하고 매끈하며 탱글탱글한 식감이 특징입니다. 주로 샐러드로 많이 먹으며 어린잎채소와 간장양념을 곁들여 아침 식사 대용으로 먹기도 합니다.

4. 포두부

포두부는 두부를 얇게 펴서 저민 후 말린 것으로 건두부라고 부르기도 합니다. 주로 채 썰어 국수로 만들거나 안에 내용물을 넣고 감싸 롤 형식으로 만들어 먹기도 합니다.

5. 얼린 두부

얼린 두부는 말 그대로 얼려서 먹는 두부입니다. 두부를 얼리면 미생물의 번식을 막을 수 있어 조금 더 오랫동안 보관할 수 있습니다. 얼린 두부는 해동하는 과정에서 두부 안에 있던 수분이 빠져나가 압력을 가해도 쉽게 으깨지지 않고 모양이 그대로 살아있어 볶음요리를 하기에 아주 좋습니다. 또한 수분이 빠진 만큼 영양성분은 압축되어 일반 두부에 비해 단백질 함량이 6배가량 높습니다.

> **• 얼린 두부 만들기 & 해동법**
> 두부를 바로 얼리는 경우에는 팩의 포장을 뜯지 않은 상태 그대로 얼리고, 사용하고 남은 두부를 얼릴 때는 수분을 제거한 다음 밀폐용기나 위생봉투, 랩 등으로 밀봉한 후 냉동실에 넣어 얼립니다.
>
> 얼린 두부를 해동할 때는 조리하기 하루 전 냉장실로 옮겨 천천히 해동하는 방법과 밀봉한 상태 그대로 차가운 물에 담가 해동하는 방법, 냉동실에서 꺼낸 뒤 전자레인지에 3~4분간 돌려 해동하는 방법이 있으니 상황에 맞게 해동하면 됩니다.

이 외에도 두부를 얇게 썰어 기름에 튀긴 유부를 비롯해 소금에 절여 삭혀먹는 취두부와 콩을 불려 맷돌이나 믹서에 갈아 콩물을 걸러내고 만든 비지 등이 있습니다.

🍲 두부요리의 기본 ──────────

■ 두부 구입법

일반적으로 공장에서 나오는 두부는 팩에 제조일자가 표기되어 있음으로 제조일이 구입일로부터 가까운 것을 구입하는 것이 좋습니다. 마트나 재래시장 등에서 구입하는 판두부의 경우, 제조일자를 확인하기 어려우므로 간수가 깨끗한지 확인하고 두부의 모서리가 부서지거나 눌리지 않은 것으로 선택합니다. 특히 두부는 수분이 많아 쉽게 상하기 때문에 조금이라도 쉰내가 나면 구입하지 않도록 합니다. 또한 표면이 말라있는 두부는 유통과정에서 수분이 제대로 관리되지 않은 것으로 두부의 식감도 떨어지고 좋은 상태의 두부가 아니므로 표면이 촉촉하고 매끈한 것을 고릅니다.

■ 두부 보관법

두부는 수분이 많아 보관기간이 비교적 짧습니다. 그러므로 먹을 만큼만 구매해서 가급적 빨리 먹는 것이 좋습니다. 만약 바로 먹지 못하거나 요리하고 남은 두부가 있다면 물에 담가 냉장 보관하도록 합니다. 물은 수돗물보다는 정제수를 사용하고 2~3일에 한번 갈아주는 것이 좋습니다. 이때 물에 소금을 조금 넣으면 두부가 딱딱해지는 것을 막고 미생물 번식도 막을 수 있습니다. 보관했던 두부를 다시 사용할 때는 흐르는 물에 가볍게 헹궈서 사용합니다.

■ 두부 손질법

1. 모두부

수분 제거하기

두부의 수분을 제거할 때는 키친타월이나 면포 등으로 감싸 지그시 눌러 물기를 제거합니다. 수분을 좀 더 충분히 제거하기 위해서는 두부가 으깨지지 않을 정도의 무게가 있는 그릇을 두부 위에 올려 냉장실에서 하루 동안 보관하는 방법도 있습니다.

으깨기

두부를 으깰 때는 칼의 옆면으로 눌러 으깹니다. 만약 수분을 함께 제거해야 하는 경우라면 삼베주머니나 면포 등으로 감싸 두 손으로 꾹 눌러 짜면 두부를 으깸과 동시에 수분까지 제거할 수 있습니다.

편썰기

주로 찌개나 조림, 부침 등을 할 때 쓰는 모양으로 원하는 크기와 두께로 일정하게 자르면 됩니다.

깍둑썰기

두부강정이나 두부탕수 등에 사용되는 모양이지만 국이나 찌개에 넣을 때 깍둑썰기를 하면 숟가락으로 떠 먹기 편리합니다. 기호에 맞게 원하는 크기와 두께로 자르면 됩니다.

2. 순두부

적당한 크기로 자른 다음 키친타월 위에 올려 수분을 제거합니다. 순두부를 자를 때는 칼로 일정한 모양을 내는 것도 좋지만 숟가락을 이용해 숭덩숭덩 자르는 것도 좋습니다.

3. 연두부

연두부는 포장팩에 담겨있는 상태에서 드레싱을 곁들여 먹기도 하지만, 샐러드로 만들어 먹을 때는 팩에서 분리하는 것이 좋습니다. 연두부는 매우 부드럽기 때문에 꺼낼 때 쉽게 으깨지는데, 이때 포장팩을 뒤집어 네 귀퉁이에 칼이나 가위로 살짝 구멍을 뚫어 줍니다. 이렇게 하면 구멍으로 공기가 들어가 팩과 두부 사이에 공간이 생기기 때문에 훨씬 수월하게 꺼낼 수 있습니다.

4. 포두부

포두부는 점성이 없기 때문에 따로 덧가루를 뿌리지 않아도 서로 달라붙지 않습니다. 포두부를 이용해 파스타를 만들 때는 돌돌 말아 적당한 두께로 자르면 되고, 브리또를 만들 때는 포두부가 찢어지지 않도록 두 장을 겹쳐 사용하는 것이 좋습니다.

5. 얼린 두부

얼린 두부는 완전히 해동한 다음 키친타월로 감싸 물기를 제거합니다. 얼린 두부의 경우 일반적인 두부와 달리 강하게 눌러도 으깨지지 않고 수분이 잘 빠집니다.

■ 두부와 어울리는 재료

두부는 영양가가 높고 칼로리가 낮아 다이어트 식품으로 아주 좋지만, 필수 아미노산 등이 부족해 자칫하면 영양의 불균형이 생길 수 있습니다. 두부의 모자란 영양성분을 보완할 수 있도록 두부와 함께 먹으면 좋은 재료를 소개합니다.

1. 쌀, 현미, 잡곡

두부는 단백질이 많은 대신 탄수화물의 함량이 낮습니다. 두부의 부족한 탄수화물을 보충하기 위해서는 쌀이나 현미, 잡곡 등과 함께 섭취하면 좋습니다. 한국인의 경우 쌀이 주식이기 때문에 따로 영양의 불균형이 생길 가능성은 적은 편입니다.

2. 채소

두부에 부족한 비타민A·C 및 식이섬유의 보충을 위해서는 당근을 비롯한 다양한 채소를 함께 먹는 것이 좋습니다. 가장 좋은 요리법으로는 여러 가지 채소를 넣고 만든 두부전골이 있습니다.
단, 시금치의 경우 두부에 들어있는 칼슘의 흡수를 방해하기 때문에 함께 먹지 않도록 합니다.

3. 고추장, 된장, 김치 등 발효식품

한국인의 밥상에 빠지지 않는 식품인 고추장과 된장, 그리고 김치 역시 두부와 아주 잘 어울립니다. 각종 찌개와 두부김치 등의 음식을 보면 잘 알 수 있습니다. 대부분의 한국 대표 식재료와 두부가 이렇게 잘 어울리는 것을 보니, 우리가 두부를 좋아할 수밖에 없는 이유를 알 것 같습니다.

4. 생선

두부에 들어있는 칼슘의 흡수를 높이기 위해서는 비타민D가 풍부한 생선과 함께 먹는 것이 좋습니다. 생선이 체내 칼슘 흡수에 도움을 주기 때문에 두부와 함께 먹었을 때 보다 많은 칼슘을 섭취할 수 있습니다. 일반적으로 생선조림에 두부를 함께 넣어 먹습니다.

CHAPTER 2
·
두부로
만드는 한 상

홈메이드 두부

건강에도 좋고 맛도 좋은 두부를 집에서 직접 만들어봅니다. 만드는 방법이 조금 번거롭긴 하지만 한번 만들면 비지, 모부두, 순두부 등 콩 하나로 세 가지 식재료를 얻을 수 있습니다. 내 손으로 만들어 더욱 건강한 두부만 있으면 맛있는 한 상이 완성됩니다.

+ Ingredients

홈메이드 두부
불린 콩 600g
물 2L
간수 6~7T

간수
물 200ml
분말 간수 5g

+ Cook's tip

- 콩은 겨울에는 12시간 정도, 여름에는 8시간 정도 실온에서 불립니다. 콩은 최대 2.5배까지 늘어나므로 큰 통에 물을 넉넉히 붓고 불리도록 합니다.
- 콩을 너무 오래 불리면 단백질이 물에 녹아 빠져나가고, 콩이 싹을 틔울 준비를 하기 때문에 적당한 시간만 불리는 것이 좋습니다.
- 분말 간수가 없다면 식초, 생수, 천일염을 1:1:1 비율로 섞어 사용하면 됩니다. 이때 간수를 너무 많이 넣으면 두부에서 쓴맛이 나므로 응고되는 상태를 보며 적당량만 사용하는 것이 중요합니다.
- 완성된 두부는 바로 먹는 것이 가장 좋지만, 정제수를 담은 밀폐용기에 담아두면 3일 정도 보관이 가능합니다.

재료를 준비합니다.

불린 콩을 믹서에 넣고 물을 3번에 나눠
부어가며 곱게 갈아줍니다.

그릇에 면포를 깔고 곱게 간 콩물을 붓
습니다. 이때 콩물 위에 떠오르는 거품
은 모두 걷어냅니다.

면포를 꽉 짜면 콩물과 비지가 완성됩니
다. 완성된 비지는 다른 요리에 활용합
니다.

냄비에 콩물을 붓고 끓입니다. 콩물이 끓어
오르면 중간 불에서 분량 외의 물을 조금씩
부어가며 10분간 끓입니다. 이때 바닥에 눌
어붙지 않도록 나무주걱으로 저어줍니다.

불을 끄고 1~2분간 뜸을 들인 후, 간수
를 1~2숟가락씩 넣으면서 아주 천천히
저어줍니다. 너무 빨리 저으면 콩물이
엉기지 않으니 주의합니다.

7

콩물이 엉겨 덩어리가 생기면 순두부가
완성됩니다.

8

두부 틀에 면포를 깔고 순두부를 담습니다.

9

면포를 포개 접고 뚜껑을 덮은 다음, 두
부가 지그시 눌리도록 누름돌을 올려 물
기를 제거합니다.

10

30분~1시간 정도 지나, 물기가 나오지
않으면 틀에서 꺼내 면포를 분리합니다.
면포를 분리하고도 모양이 유지되면 두
부가 완성입니다.

두부 황태국

황태를 들기름에 볶아 뽀얗게 국물을 낸 두부 황태국은 몸보신으로 아주 좋은 메뉴입니다. 두부와 황태, 그리고 달걀을 풀어 풍성하게 담아내면 지쳐있던 심신을 단번에 회복할 수 있습니다. 씹을수록 고소한 황태와 부드러운 두부를 넉넉히 썰어 넣고 따뜻하게 즐겨봅니다.

+ Ingredients

두부 황태국

두부 1모(300g)
황태채 50g
무 150g
대파 1/2대
들기름 1T
다진 마늘 2t
다시마물 1L
달걀 1개
소금 약간
후춧가루 약간
새우젓 1T

다시마물

다시마(5cm×5cm) 10조각
물 1L

+ Cook's tip

• 황태채에 가시가 남아있을 수 있으니 미리 손질해 제거합니다.

• 달걀을 넣은 뒤에 수저로 휘젓지 말고 그대로 한소끔 끓여야 깔끔한 국물을 맛볼 수 있습니다.

다시마물 만들 재료를 준비합니다.

젖은 타월을 이용해 다시마의 염분을 닦아 냅니다.

다시마를 물에 넣고 실온에서 10시간 동안 우린 뒤, 다시마를 건져내 준비합니다.

두부 황태국 만들 재료를 준비합니다.

두부는 25등분으로 작게 깍둑썰기합니다.

황태채는 가시가 없도록 미리 손질하고 먹기 좋은 크기로 찢어 찬물에 1분간 불렸다가 물기를 제거합니다.

대파는 어슷썰기, 무는 나박썰기 하고
달걀은 풀어서 준비합니다.

약한 불로 달군 냄비에 들기름을 두르고
불린 황태채와 무를 넣어 1분간 살짝 볶
습니다.

3번의 다시마물을 붓고 센 불로 끓입니
다. 국물이 끓기 시작하면 거품을 걷어
내고 중간 불로 줄인 다음 뚜껑을 덮어
15분간 끓입니다.

깍둑 썬 두부와 다진 마늘, 새우젓을 넣
고 달걀을 살짝 돌려가며 부은 다음 3분
간 더 끓입니다.

대파를 넣고 소금과 후춧가루로 간을 맞
춘 뒤, 한소끔 더 끓이면 완성입니다.

바지락 순두부찌개

쌀쌀한 계절에 더욱 생각나는 바지락 순두부찌개는 국민찌개라 해도 과언이 아닙니다. 부드러운 순두부에 칼칼하고 시원한 국물을 맛보면 순식간에 밥 한 공기는 뚝딱 해치울 수 있습니다. 바지락 이외에 취향에 따라 다양한 해산물을 넣어 즐겨도 좋습니다.

+ Ingredients

바지락 순두부찌개
순두부 1모(300g)
바지락 250g
멸치다시마육수 400g
양파 1/2개
대파 1/2대
청·홍고추 1개씩
달걀 1개
고춧가루 1T
고추기름 2T

양념
새우젓 1t
소금 1꼬집
맛술 2T
다진 마늘 1/2T
후춧가루 약간

바지락 해감
물 500ml
굵은 소금 1T

멸치다시마육수
물 1L
다시멸치 10마리
다시마(6cm×6cm) 1조각
맛술 1T
양파 1/2개

+ Cook's tip

- 바지락은 미리 해감해두는 것이 좋습니다. 해감할 때는 분량의 소금물에 바지락을 넣어 검은 비닐봉지나 신문 등으로 덮은 다음 최소 1시간에서 6시간 정도 담가두면 됩니다.
- 순두부를 찌개에 넣을 때는 적당한 크기로 자르거나 숟가락으로 떠서 으깨지지 않도록 살살 넣습니다.

1

멸치다시마육수 만들 재료를 준비합니다.

2

멸치는 대가리와 내장을 제거하고 마른 팬에 볶다가, 색이 노릇해지면 맛술을 부어 비린내를 날리고 불을 끕니다.

3

냄비에 물과 다시마를 넣고 센 불에서 끓입니다. 물이 끓어오르면 다시마를 건져냅니다.

4

다시마를 건져낸 육수에 2번의 볶은 멸치와 양파를 넣고 중간 불로 줄여 15분간 끓인 뒤 식혀둡니다.

5

바지락 순두부찌개 만들 재료를 준비합니다.

6

바지락을 해감용 소금물에 넣고 검은 비닐 봉지로 감싸 충분히 해감합니다.

순두부는 적당한 크기로 자른 뒤, 키친
타월에 올려 물기를 제거합니다.

양파는 다지고, 청·홍고추와 대파는 어
슷썰기 해 준비합니다.

약한 불로 달군 뚝배기에 고추기름과 고
춧가루, 양파, 바지락을 넣고 볶습니다.

바지락이 살짝 입을 벌리기 시작하면
4번의 멸치다시마육수를 붓고 센 불에
서 5분간 끓입니다.

바지락이 모두 입을 벌리면 분량의 양념
재료와 순두부, 청·홍고추, 대파를 넣
고 중간 불로 줄여 5분간 끓입니다.

5분 뒤 불을 끄고 달걀을 넣으면 완성입
니다.

두부강된장

으깬 두부와 버섯을 비롯한 갖은 채소를 잘게 다져 넣고 된장을 넉넉히 넣어 되직하게 끓여낸 두부강된장입니다. 입맛 없을 때 밥에 쓱쓱 비벼 먹으면 집 나간 입맛도 돌아올 정도인데요. 쌈과도 잘 어울리고 생채소와 함께 비빔밥을 만들어 먹어도 좋습니다.

+ Ingredients

두부강된장
두부 150g
양파 1/2개
애호박 1/4개
새송이버섯 1개
대파 1대
참기름 1T
다진 마늘 1T
멸치다시마육수 1컵
청 · 홍고추 1개씩

된장양념
된장 3T
고춧가루 1T
꿀 2t

+ Cook's tip

• 조금 더 든든하게 즐기고 싶다면 소고기 다짐육을 넣어 만들어도 좋습니다.
• 봄철에 냉이나 돌나물과 함께 비빔밥으로 만들면 훌륭한 한 끼를 즐길 수 있습니다.
• 멸치다시마육수는 바지락 순두부찌개(p.228)를 참고합니다.

재료를 준비합니다.

두부는 칼의 옆면을 이용해 대충 으깹
니다.

양파와 애호박, 새송이버섯은 작게 깍둑
썰고, 대파는 반으로 자른 뒤 다집니다.
청 · 홍고추는 송송 썰어둡니다.

냄비에 참기름을 두르고 양파와 애호박,
대파, 다진 마늘을 넣어 중간 불에서 양
파가 투명해질 때까지 충분히 볶습니다.

분량의 된장양념과 으깬 두부, 새송이버
섯을 넣고 2분간 볶습니다.

멸치다시마육수를 붓고 바글바글 끓이
며 졸이다가, 송송 썬 청 · 홍고추를 넣
고 한소끔 더 끓이면 완성입니다.

두부조림

도톰하게 썰어 기름에 부친 고소한 두부부침을 달콤하고 짭조름한
양념에 조렸습니다. 한 번 부쳐서 조려 쫀득한 식감을 가진 두부
조림은 여러 가지 반찬이 필요 없는 든든한 효자반찬입니다.

+ Ingredients

두부조림
두부 1.5모(450g)
양파 1개
대파 1/2대
소금 약간
후춧가루 약간
다시마물 1컵
식용유 약간
쪽파 1대
통깨 약간

양념장
고추장 1t
고춧가루 2T
진간장 2T
설탕 1T
맛술 1T
다진 마늘 1/2T
참기름 2t

+ Cook's tip

- 두부를 부칠 때는 처음엔 센 불로 부치다가 점차 중간 불로 줄여 타지 않게 부칩니다.
- 양념을 넣고 조릴 때는 숟가락을 이용해 양념을 두부에 끼얹어주는 것이 좋습니다.
- 국물을 완전히 조리지 말고 자작하게 남겨야 끝까지 촉촉하게 드실 수 있습니다.
- 다시마물은 두부 황태국(p.224)을 참고합니다.

안심Touch

재료를 준비합니다.

두부는 세로로 한 번 자르고, 가로 2cm 두께로 먹기 좋게 자릅니다.

자른 두부는 키친타월에 올려 물기를 제거하고, 소금과 후춧가루를 살짝 뿌려 밑간합니다.

양파는 채 썰고, 대파는 어슷썰기 합니다. 쪽파는 송송 썰어 준비합니다.

센 불로 달군 팬에 식용유를 두르고 3번의 밑간한 두부를 올려 앞뒤로 노릇하게 구운 뒤 체에 받쳐 기름을 제거합니다.

팬에 양파와 대파를 넣고 기름을 제거한 두부부침을 올립니다.

두부부침 위에 분량의 양념장 재료를 모두 섞어 올리고 다시마물을 부어 센 불로 끓입니다.

양념이 끓어오르기 시작하면 중간 불로 줄이고 숟가락으로 양념을 두부부침에 끼얹어가며 5분간 끓입니다. 마지막으로 쪽파와 통깨를 뿌리면 완성입니다.

두부장아찌

조금은 생소할 수 있는 두부장아찌는 마땅한 반찬이 없을 때 효자 반찬이 되어주는 달콤짭조름한 별미입니다. 두부를 들기름에 구워 고소한 풍미와 함께 폭신한 식감을 뽐내는 두부장아찌는 개운하면서도 깔끔해 한번 맛보면 계속 만들게 되는 반찬입니다.

+ Ingredients

두부장아찌
두부 500g
청 · 홍고추 1개씩
들기름 2T

조림장
물 400ml
간장 150ml
설탕 3T
맛술 2T
다시마(5cm×5cm) 1조각
마늘 3톨
편생강 2조각
대파 1/3대
양파 1/2개

+ Cook's tip

• 두부장아찌는 만든 후 2~3시간 뒤부터 먹을 수 있으며 일주일 정도 보관이 가능합니다. 하지만 열흘이 넘어가면 상할 수 있으므로 대량으로 만들어두는 것보다 그때그때 만들어 드시는 것이 좋습니다.

재료를 준비합니다.

두부는 2cm 두께로 먹기 좋게 자른 다음
키친타월에 올려 물기를 제거합니다.

중간 불로 달군 팬에 들기름을 두르고
두부를 앞뒤로 노릇하게 부칩니다.

두부부침은 키친타월에 올려 기름기를
제거하고 식혀둡니다.

청 · 홍고추를 송송 썰어 준비합니다.

냄비에 분량의 조림장 재료를 모두 넣고
중간 불로 끓입니다. 조림장이 팔팔 끓
어오르면 약한 불로 줄이고 5분간 더 끓
입니다.

7

저장용기에 4번의 두부부침을 넣고 뜨거운 상태의 조림장을 바로 붓습니다.

8

그 위에 송송 썬 청·홍고추를 넣고 조림장을 완전히 식히면 완성입니다. 완성된 두부장아찌는 뚜껑을 덮어 냉장실에서 2~3시간 정도 숙성한 뒤 먹으면 됩니다.

두부 톳무침

톳은 철분과 칼슘, 칼륨의 함량이 풍부해 빈혈 환자나 혈압이 높은 사람에게 도움이 되는 해초입니다. 또한 칼로리가 낮아 건강한 다이어트 식품으로도 주목을 받고 있습니다. 이런 톳과 포만감을 주는 두부를 최소한의 양념만을 사용해 담백하게 무쳤습니다.

+ Ingredients

두부 톳무침
두부 1/2모(150g)
톳 150g

양념
참기름 1/2T
소금 1t
다진 마늘 1t
통깨 약간

+ Cook's tip

- 톳은 구입 후 냉장 보관하고, 3일 이내에 드시는 것이 좋습니다.
- 톳은 흐르는 물에 여러 번 깨끗이 씻어 불순물을 완전히 제거한 다음 사용합니다.

재료를 준비합니다.

톳은 깨끗이 씻은 다음 30분간 물에 담가 염분을 제거합니다.

끓는 물에 톳을 넣고 5분간 데칩니다.

데친 톳은 바로 찬물에 헹굽니다.

면포에 톳을 넣고 물기를 꽉 짭니다. 톳에 물기를 최대한 없애야 깔끔한 무침을 만들 수 있습니다.

물기를 제거한 톳을 먹기 좋은 크기로 자릅니다.

두부도 면포에 넣고 물기를 꽉 짜면서
으깹니다. 톳과 마찬가지로 물기를 최대
한 없애는 게 좋습니다.

볼에 두부와 톳을 넣은 다음 분량의 양념
재료를 모두 넣어 조물조물 무치면 완성
입니다.

두부두루치기

자작하게 졸아든 양념과 부드러운 두부의 꿀 조합! 고추장을 살짝 섞은 양념장에 먹기 좋게 썬 두부를 넣고 보글보글 끓여 만든 두부 두루치기는 밥 위에 얹어 덮밥으로 만들면 훌륭한 한 그릇 메뉴가 됩니다.

+ Ingredients

두부두루치기
두부 1모(300g)
멸치다시마육수 300ml
양파 1개
쪽파 3대
청 · 홍고추 1개씩
통깨 약간

양념장
고추장 1T
고춧가루 2T
진간장 2T
맛술 1T
다진 마늘 1/2T
다진 파 2T
참기름 1t

+ Cook's tip

- 국물이 자작하게 남아있어야 맛있는 두부두루치기가 됩니다. 양념장이 너무 졸아들지 않게 10분 안으로 끓여 마무리하는 것이 좋습니다.
- 멸치다시마육수는 바지락 순두부찌개(p.228)를 참고합니다.

재료를 준비합니다.

두부는 1.5cm 두께로 자릅니다.

양파는 채 썰고, 쪽파와 청 · 홍고추는 송송 썹니다.

바닥이 평평한 뚝배기에 양파를 깔고 그 위에 두부를 돌려 담습니다. 그다음 가 운데에 양념장을 올립니다.

멸치다시마육수를 붓고 센 불에서 끓입 니다.

육수가 끓기 시작하면 중간 불로 줄이고 숟가락으로 가운데의 양념을 두부에 골 고루 뿌려가며 5분간 끓입니다.

7

끓이면서 떠오르는 거품은 모두 걷어냅
니다.

8

양념이 자작하게 졸아들면 청·홍고추
를 넣고 한소끔 더 끓입니다.

9

양념이 적당히 졸면 불을 끄고 쪽파와
통깨를 뿌리면 완성입니다.

마
파
두
부

중국 사천지방에서 유래된 마파두부는 매콤하면서도 톡 쏘는 두반 장이 매력적인 중국식 두부요리입니다. 우리나라에서는 덮밥으로 많이 즐기며, 입맛이 없을 때 만들어 먹으면 밥 한 그릇은 순식간 에 비울 수 있는 풍미 있는 밥도둑입니다.

+ Ingredients

마파두부	양념	전분물
두부 300g	두반장 1.5T	전분가루 2T
다진 돼지고기 150g	굴소스 1/2T	물 2T
청·홍고추 1개씩	다진 마늘 1T	
대파 1/2대	맛술 1T	
다진 마늘 1T	설탕 1t	
부추 2~3줄	진간장 1t	
물 200ml	생강가루 1/4t	
고추기름 2T		
소금 약간		

+ Cook's tip

• 단단한 부침용 두부보다는 찌개용 두부를 사용하는 것이 조리하기도 편하고 부드럽게 드실 수 있습니다.

• 더욱 부드러운 식감의 마파두부를 만들고 싶다면 연두부를 사용하면 됩니다. 하지만 연두부의 경우 쉽게 부서져 조리가 어려울 수 있습니다.

재료를 준비합니다.

두부를 사방 1.5cm 크기로 깍둑썰기 합니다.

깍둑 썬 두부를 냄비에 넣고 두부가 잠길 정도로 물을 부은 뒤, 소금을 넣어 1분간 데칩니다.

데친 두부는 체에 받쳐 물기를 제거합니다.

청·홍고추, 대파, 부추는 각각 송송 썰어 준비합니다.

약한 불로 달군 팬에 고추기름을 두른 다음 대파와 다진 마늘을 넣고 볶아 기름을 냅니다.

파의 숨이 죽으면 다진 돼지고기와 분량의 양념 재료를 모두 넣고 중간 불로 올려 볶습니다.

돼지고기가 익으면 물을 붓고 1분간 끓입니다.

전분물을 한 숟가락씩 떠 넣으면서 농도를 맞춥니다.

데친 두부와 청·홍고추를 넣고 골고루 섞은 뒤 불을 끄고 접시에 담아 부추를 올리면 완성입니다.

연두부샐러드

부드럽고 촉촉한 연두부에 어린잎채소와 토마토, 아몬드를 올려 발사믹드레싱을 곁들인 연두부샐러드입니다. 식욕을 돋우는 화려한 색감 때문에 전채 요리로 준비하면 아주 좋습니다. 두부의 단백질과 저칼로리의 토마토가 어우러져 건강하게 즐길 수 있는 샐러드입니다.

+ Ingredients

연두부샐러드
연두부 1모(300g)
방울토마토 5~6개
어린잎채소 1줌
아몬드 1줌

발사믹드레싱
올리브유 2T
발사믹글레이즈 2T
올리고당 1T
소금 1꼬집
후춧가루 약간

+ Cook's tip

- 연두부는 물기를 제거해 드레싱이 싱거워지지 않도록 하는 것이 중요합니다.
- 어린잎채소 대신 루꼴라나 치커리 등 향이 좋은 채소를 사용해도 좋습니다.
- 발사믹글레이즈가 없다면 발사믹식초를 사용해도 좋습니다.

안심Touch

재료를 준비합니다.

연두부는 면포에 올려 물기를 제거합니다.

어린잎채소는 찬물에 담가 깨끗이 헹군 뒤 물기를 제거합니다.

방울토마토는 4등분으로 자릅니다.

아몬드는 굵게 다집니다. 아몬드슬라이 스를 사용해도 좋습니다.

접시에 연두부-어린잎채소-방울토마 토-아몬드 순으로 올리고, 먹기 직전 분 량의 발사믹드레싱 재료를 모두 섞어 부 으면 완성입니다.

통두부구이

두부를 통으로 구워 칼칼한 양념장을 뿌리고 파채와 무순을 올려 먹는 통두부구이입니다. 입맛을 돋우는 비주얼은 물론 든든하게 속을 채울 수 있어 채식을 즐기는 분께 아주 좋은 메뉴입니다. 고기 못지않은 풍미를 가진 통두부구이는 가벼운 술안주로도 제격입니다.

+ Ingredients

통두부구이

두부 大 1모(500g)
대파 흰 부분 1/2대
무순 1줌
청 · 홍고추 1개씩
식용유 적당량

양념장

간장 3T
설탕 1T
고춧가루 1T
참기름 1T
다진 마늘 1T
통깨 1T
후춧가루 약간

+ Cook's tip

- 특별히 조리과정이 어렵지는 않지만 두부 네 면을 모두 구워야 하기 때문에 시간이 조금 소요됩니다. 여유를 두고 요리하는 것이 좋습니다.
- 두부구이의 기름기가 신경 쓰인다면, 구운 두부를 뜨거운 물에 살짝 담갔다가 물기를 제거하면 됩니다.
- 두부를 통으로 구웠기 때문에 두부에 칼집을 내야 양념장이 두부 안으로 스며들어 간이 뱁니다.

재료를 준비합니다.

두부는 키친타월로 감싸 물기를 충분히
제거합니다.

중간 불로 달군 팬에 식용유를 두르고 물
기를 제거한 두부를 올려 네 면이 모두
노릇해지도록 골고루 튀기듯 굽습니다.

대파는 반으로 길게 가른 다음 돌돌 말아
채 썰고, 찬물에 10분 정도 담가 매운맛을
뺍니다.

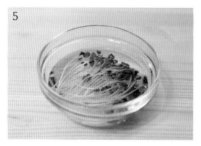

무순은 찬물에 담갔다가 흐르는 물에 살짝
헹군 뒤 물기를 털어 준비합니다.

청·홍고추는 잘게 다져 분량의 양념장
재료와 함께 잘 섞어줍니다.

3번의 구운 통두부는 아래쪽을 2cm 정도
남겨두고 사방으로 칼집을 냅니다.

통두부를 그릇에 담은 후 양념장과 무순,
파채 순으로 올리면 완성입니다.

매콤 두부탕수

칼로리를 낮춰 담백하게 즐길 수 있는 두부탕수입니다. 고소한 두부튀김에 새콤 달콤 매콤한 소스가 더해져 한번 맛보면 계속 먹고 싶어지는 음식입니다. 뻔한 고기요리 대신 매콤 두부탕수로 센스 있는 상차림을 만들어 보는 건 어떨까요.

+ Ingredients

매콤 두부탕수
두부 300g
양파 1/4개
통조림 파인애플 1조각(70g)
청·홍고추 1개씩
레몬슬라이스 1조각
마늘 2톨
소금 약간
후춧가루 약간
전분가루 약간
식용유 적당량

전분물
물 2T
전분가루 1T

소스
물 1컵
간장 3T
설탕 2T
맛술 2T
매실액 1T
식초 3T
생강가루 1/4t

+ Cook's tip

- 식초는 가열할수록 신맛이 날아가기 때문에 소스에 새콤한 맛을 살리고 싶다면 마지막에 불을 끄고 따로 넣는 것이 좋습니다.
- 두부에 전분가루를 미리 묻히면 쉽게 눅눅해지니 튀기기 바로 직전에 묻혀 바삭한 식감을 살리도록 합니다.

재료를 준비합니다.

두부는 사방 1.5cm 크기로 깍둑썰기 한
다음 키친타월에 올려 물기를 제거하고,
소금과 후춧가루를 뿌려 밑간합니다.

레몬슬라이스는 반달썰기, 양파는 깍둑
썰기, 청·홍고추는 어슷썰기, 마늘은 편
썰기, 파인애플은 한 입 크기로 자릅니다.

밑간한 두부에 전분가루를 골고루 묻힙
니다.

팬에 식용유를 넉넉히 붓고 센 불로 달군
다음 전분옷을 입힌 두부를 넣어 노릇하
게 튀깁니다.

튀긴 두부는 기름망에 올려 기름을 제거
합니다.

7

중간 불로 달군 냄비에 식용유를 살짝 두르고 양파와 마늘, 청·홍고추를 넣어 1분간 살짝 볶습니다.

8

분량의 소스 재료를 모두 넣고 2분간 끓입니다.

9

레몬슬라이스와 파인애플을 넣고 전분물을 한 숟가락씩 넣어 농도를 조절한 뒤 한소끔 끓여 소스를 만듭니다.

10

6번에서 튀긴 두부를 접시에 담고 소스를 부으면 완성입니다.

얼린 두부잡채

얼린 두부는 수분이 빠지면서 밀도가 높아져 양념이 잘 배고 볶아도 쉽게 뭉개지지 않아 다양한 음식을 만들 수 있습니다. 얼린 두부에 고추와 표고버섯을 넣어 잡채를 만들면, 기존에 우리가 알고 있던 두부와는 전혀 다른 식감의 별미를 만들 수 있습니다.

+ Ingredients

얼린 두부잡채
얼린 두부 1/2모(150g)
피망 1개
홍고추 2개
표고버섯 1개
대파 1/2대
고추기름 2T
식용유 약간
통깨 약간

볶음양념
굴소스 1T
진간장 1T
설탕 1/2T
물 2T
생강가루 1꼬집

전분물
전분가루 2T
물 2T

+ Cook's tip

- 중국식 요리인 얼린 두부잡채는 꽃빵과 함께 드시면 더욱 맛있습니다.
- 고추기름을 사용하면 살짝 매콤한 맛과 파 향이 어우러져 풍미를 끌어올리기 좋습니다.
- 두부를 얼리는 방법과 해동하는 방법은 '두부 이야기 : 두부의 종류(p.213)'를 참고합니다.

재료를 준비합니다.

얼린 두부는 해동한 다음 손으로 지그시 눌러 물기를 제거합니다.

물기를 제거한 얼린 두부를 막대 모양으로 먹기 좋게 자릅니다.

팬에 식용유를 두르고 자른 두부를 굴리면서 노릇하게 굽습니다.

구운 두부는 키친타월 위에 올려 기름을 제거합니다.

피망과 홍고추는 씨를 제거한 다음 길게 채 썰고, 표고버섯은 슬라이스, 대파는 송송 썰어 준비합니다.

팬에 고추기름을 두르고 송송 썬 대파를 볶아 파기름을 냅니다.

파가 익으면 피망과 홍고추, 표고버섯을 넣고 1분간 볶습니다.

5번의 구운 두부와 분량의 볶음양념 재료를 모두 넣고 골고루 섞으며 볶습니다.

마지막으로 전분물을 한 숟가락씩 떠 넣으며 농도를 맞춘 뒤, 그릇에 옮겨 통깨를 뿌리면 완성입니다.

두부전골

두부와 고기, 채소 등을 냄비에 담고 육수를 자작하게 부어 끓여
내는 두부전골은 쌀쌀한 날씨에 가장 잘 어울리는 메뉴입니다. 끓
일수록 육수의 풍미가 점점 깊어지니 사랑하는 사람들과 둘러 앉
아 담소를 나누며 천천히 즐겨보시기 바랍니다.

+ Ingredients

두부전골
두부 1모
애호박 1/2개
당근 1/2개
대파 1/2대
느타리버섯 70g
청경채 1개
쑥갓 약간

돼지고기 완자
돼지고기 다짐육 100g
전분가루 1T
소금 약간
후춧가루 약간

육수
멸치다시마육수 800ml
고춧가루 2T
새우젓 2T
다진 마늘 1/2T
국간장 1t

+ Cook's tip

- 돼지고기 완자는 채소에 비해 익는 속도가 느리기 때문에 작은 크기로 만드는 것이 좋습니다.
- 전골은 국물이 자작해 완자가 잘 익지 않으니, 끓일 때 완자를 굴려가며 골고루 익힙니다.
- 멸치다시마육수는 '바지락 순두부찌개(p.228)'를 참고합니다.

재료를 준비합니다.

두부는 반으로 자른 뒤 1.5cm 두께로 썰어
줍니다.

애호박과 당근, 대파는 같은 길이로 납작
하게 썰어줍니다.

돼지고기 다짐육에 전분가루와 소금, 후춧
가루를 넣고 잘 치댄 뒤, 동그란 모양의
완자를 만듭니다.

냄비에 분량의 육수 재료를 모두 넣고 2분
간 끓입니다.

전골냄비에 두부와 채소, 느타리버섯과
청경채를 예쁘게 돌려가며 담고 가운데
에 4번의 돼지고기 완자를 넣습니다.

7

5번에서 만든 육수를 전골냄비에 붓고 자작하게 끓입니다.

8

채소와 완자가 어느 정도 익었을 때 쑥갓을 올리면 완성입니다.

순두부 프리타타

이탈리아식 오믈렛인 프리타타는 달걀을 푼 뒤 채소와 고기, 치즈 등 다양한 재료를 넣고 익혀내는 음식입니다. 만들기도 간단하고 푸짐하게 즐길 수 있는 프리타타에 순두부를 넣으면 훨씬 더 부드럽고 촉촉하게 즐길 수 있습니다.

+ Ingredients

순두부 프리타타

순두부 1/2팩(150g)
달걀 4개
베이컨 3줄
방울토마토 6개
양송이버섯 3개
양파 1/2개
블랙올리브슬라이스 1T
생크림 100ml
모차렐라치즈 1/2컵

버터 1조각
소금 약간
후춧가루 약간

+ Cook's tip

- 오븐이 없다면 프라이팬에 프리타타 반죽을 부어 약한 불에서 뚜껑을 덮고 10~15분 이내로 익히면 됩니다. 젓가락으로 찔렀을 때 달걀이 묻어나오지 않는다면 잘 익은 상태입니다.
- 오븐은 제품마다 사양이 다르니 구워지는 정도를 확인하면서 시간을 가감합니다.

안심Touch

재료를 준비합니다.

순두부는 2~3등분으로 숭덩숭덩 썬 다음
키친타월에 올려 물기를 제거합니다.

양파와 양송이버섯은 슬라이스하고 방
울토마토는 반으로 자릅니다. 베이컨은
먹기 좋은 크기로 썰어 준비합니다.

달걀에 소금과 후춧가루를 넣고 끈이 없
도록 곱게 풀어줍니다.

달걀물에 모차렐라치즈와 생크림을 넣
고 골고루 섞습니다.

오븐팬에 버터를 두르고 양파–베이컨–
양송이버섯–방울토마토 순으로 넣어 살
짝 볶습니다.

볶은 채소 위에 5번의 달걀물을 붓습니다.

물기를 제거한 순두부를 적당한 크기로 잘라 넣고 블랙올리브슬라이스도 올립니다.

200℃로 예열한 오븐에서 15분간 구우면 완성입니다.

포두부 샐러드 파스타

포두부를 이용해 담백하게 만든 샐러드파스타입니다. 달콤한 드레싱과 녹색잎채소, 독특한 포두부의 식감이 어우러져 브런치는 물론 다이어트 식단으로도 좋습니다. 딸기 이외에 키위나 방울토마토 등 다양한 재료를 넣어 응용할 수도 있습니다.

+ Ingredients

포두부 샐러드파스타
포두부 2장(100g)
녹색잎채소 1줌
바질잎 4장
딸기 4개
블랙올리브슬라이스 1T
굵은 소금 1T

드레싱
스위트칠리소스 3T
진간장 1T
올리브오일 1T
레몬즙 1T
후춧가루 약간

+ Cook's tip

• 포두부를 플레이팅할 때 젓가락으로 돌돌 말아 포인트를 주면 포크로 찍어 먹기도 좋고 보기에도 좋습니다.

재료를 준비합니다.

포두부는 돌돌 말아 0.7cm 두께로 썰어
줍니다.

끓는 물에 굵은 소금을 넣고 포두부를 1분
이내로 살짝 데칩니다.

데친 포두부는 찬물에 한번 헹군 뒤 서
로 달라붙지 않도록 펼쳐 물기를 제거합
니다.

녹색잎채소와 바질잎은 찬물에 담가두었
다가 헹군 다음 마찬가지로 물기를 제거
합니다.

딸기는 꼭지를 따고 먹기 좋은 크기로
썰어줍니다.

접시에 포두부와 녹색잎채소, 바질잎,
딸기, 블랙올리브슬라이스를 담습니다.

분량의 드레싱 재료를 모두 섞어 먹기
직전에 뿌리면 완성입니다.

두부꼬치

한 입 크기의 두부에 다양한 소스와 토핑을 올린 다음 오븐에 구워 만든 핑거푸드, 두부꼬치입니다. 바삭하게 구운 두부 위에 쫀득한 모차렐라치즈와 세 가지 다른 토핑을 올려, 골라 먹는 재미가 있습니다.

+ Ingredients ────────────────────────

두부꼬치
두부 1모(300g)
방울토마토 2개
실파 1줄
마요네즈 적당량
가쓰오부시 1줌
모차렐라치즈 1/2컵
식용유 약간
소금 약간
후춧가루 약간

소스
살사소스 2T
데리야키소스 2T
스테이크소스 2T

+ Cook's tip ────────────────────────

• 모차렐라치즈와 소스는 충분히 올려야 맛있습니다.

• 오븐이 없다면 프라이팬에 두부꼬치를 올려 뚜껑을 덮고 모차렐라치즈가 녹을 때까지 약한 불로 구우면 됩니다.

재료를 준비합니다.

두부는 10등분으로 자르고 키친타월에 올려 물기를 제거한 다음, 소금과 후춧가루로 밑간합니다.

방울토마토는 반으로 자르고 실파는 송송 썰어줍니다.

중간 불로 달군 팬에 식용유를 두르고 밑간한 두부를 앞뒤로 노릇하게 굽습니다.

두부를 꼬치에 끼운 다음 오븐팬에 올리고 각각 살사소스, 데리야키소스, 스테이크소스를 바릅니다.

소스 위에 모차렐라치즈를 듬뿍 올립니다.

살사소스에는 방울토마토, 데리야키소스
에는 실파, 스테이크소스에는 마요네즈
와 가쓰오부시를 각각 올려 토핑합니다.

토핑을 올린 꼬치를 180℃로 예열한 오븐
에 넣고 12~15분간 구우면 완성입니다.

두부강정

간식 혹은 가벼운 안주로 즐기기 좋은 두부강정입니다. 매콤달콤한 양념에 겉은 바삭하고 속은 부드러운 두부강정은 남녀노소 누구나 좋아하는 매력 있는 두부요리입니다.

+ Ingredients

두부강정
두부 300g
땅콩 1줌
전분가루 1/2컵
식용유 3T
쪽파 1대
통깨 약간
소금 약간
후춧가루 약간

양념장
스위트칠리소스 4T
고추장 1T
간장 1T
맛술 2T
올리고당 2T
다진 마늘 1t
식용유 1T

+ Cook's tip

• 두부강정은 접시에 예쁘게 담아 쪽파와 통깨를 뿌리면 더욱 보기 좋습니다.
• 어린잎채소 등 좋아하는 채소를 곁들여도 좋습니다.

재료를 준비합니다.

두부는 가로세로 각각 5등분으로 나눠
자릅니다.

자른 두부는 키친타월에 올려 물기를 제
거하고, 소금과 후춧가루를 살짝 뿌려
밑간합니다.

땅콩은 잘게 다지고 쪽파는 송송 썰어
준비합니다.

밑간한 두부에 전분가루를 골고루 묻힙
니다.

식용유를 두른 팬에 전분옷을 입힌 두부
를 넣고 센 불에서 튀기듯이 굽습니다.
노릇하게 구운 두부는 키친타월에 올려
기름을 제거합니다.

7

중간 불로 달군 팬에 분량의 양념장 재료
를 모두 넣어 1분간 바글바글 끓입니다.

8

끓인 양념장에 6번의 구운 두부와 다진
땅콩을 넣고 골고루 섞으면 완성입니다.

두부샌드위치

이색적인 두부요리, 이번엔 두부샌드위치입니다. 탄수화물을 배제해 만든 두부샌드위치는 칼로리는 낮추고 포만감은 높여 다이어트 식사로도 좋고 주말 아침 여유 있는 브런치로도 제격입니다.

+ Ingredients

두부샌드위치

두부 1모
토마토슬라이스 2개
양상추 2장
노랑파프리카 小 1개
베이컨 2줄
슬라이스치즈 1장
마요네즈 1T
홀그레인 머스터드소스 1T

소금 약간
후춧가루 약간
식용유 약간

+ Cook's tip

- 두부는 구운 뒤에 잔여 수분이 빠져나올 수 있으므로 요리를 시작하기 전에 충분히 수분을 제거하는 것이 좋습니다.
- 구운 두부는 키친타월에 올려 기름과 잔여 수분을 제거해야 쉽게 부서지지 않습니다.
- 완성된 두부샌드위치를 랩이나 샌드위치용 유산지 등으로 감싸고 커팅하면 내용물이 흘러나오지 않아 깔끔하게 자를 수 있습니다.

재료를 준비합니다.

두부는 반으로 납작하게 포를 뜬 다음 키
친타월에 올려 물기를 제거하고, 소금과
후춧가루로 밑간합니다.

팬에 식용유를 살짝 두르고 밑간한 두부
를 앞뒤로 노릇하게 구운 다음, 키친타
월에 올려 기름을 제거합니다.

베이컨은 식용유를 두른 팬에 살짝 굽습
니다.

노랑파프리카는 씨를 제거한 뒤 굵게 채
썰고, 양상추는 4등분으로 자릅니다.

구운 두부의 한쪽에는 마요네즈, 다른
한쪽에는 홀그레인 머스터드소스를 각
각 바릅니다.

마요네즈를 바른 두부 위에 슬라이스치즈-베이컨-토마토-파프리카-양상추 순으로 올립니다.

그 위에 홀그레인 머스터드소스를 바른 두부를 포갠 후 반으로 자르면 완성입니다.

포두부브리또

멕시코 음식인 브리또를 토르티야가 아닌 포두부를 이용해 만들었습니다. 탄수화물은 낮추고 담백하게 즐길 수 있는 포두부에 닭 안심과 다양한 채소를 풍성하게 넣어 만들면, 고단백 저탄수화물 음식으로 간식이나 브런치는 물론 다이어트 식단으로도 제격입니다.

+ Ingredients

포두부브리또
포두부 2장(100g)
닭 안심 80g
양상추 2장
파프리카 1/2개
토마토 1/4개
양파 1/4개
소금 약간
후춧가루 약간
식용유 약간

드레싱
시판용 오이피클 랠리쉬 적당량

+ Cook's tip

- 포두부로 브리또를 만들 때 자칫하면 포두부가 찢어질 수 있으니 두 장을 겹쳐 사용하는 게 좋습니다.
- 포두부에는 점도가 없기 때문에 랩을 이용해 꽁꽁 말아야 풀리지 않고 편하게 드실 수 있습니다.

재료를 준비합니다.

양파는 얇게 채 썬 뒤 찬물에 10분간 담가 매운맛을 제거합니다.

닭 안심은 소금과 후춧가루로 밑간해 10분간 재워둡니다.

재운 닭 안심을 식용유를 두른 팬에 올려 앞뒤로 노릇하게 굽습니다.

도마토와 파프리카는 적당한 크기로 자르고 양상추는 4등분으로 잘라 준비합니다.

포두부 위에 양상추-파프리카-양파-닭 안심-토마토-오이피클 랠리쉬 순으로 올립니다.

7

내용물이 빠지지 않도록 포두부로 잘 감싼 다음, 랩으로 두 차례 정도 꽁꽁 싸매 모양을 잡습니다.

8

모양이 잡힌 포두부브리또의 랩을 조심스럽게 벗긴 뒤, 유산지로 감싸 사선으로 자르면 완성입니다.

PART. 4

달걀

EGG

CHAPTER 1

달걀
이야기

○○ 달걀 이야기 ————————————————

■ 달걀의 유래

달걀의 역사는 기원전 3,200년 전부터 시작됩니다. 인간이 목축을 시작하면서 야생에서 살던 닭을 잡아 키우기 시작했는데, 이러한 추세가 점차 세계 각지로 빠르게 퍼져나가 약 200종의 다양한 닭 품종이 만들어졌습니다. 닭을 처음 기르기 시작했을 때에는 지금과 같이 닭이 알을 낳기에 좋은 환경은 아니었습니다. 예측할 수 없는 기후 변화로 알을 낳는 빈도가 낮았고, 알을 낳았다고 해도 야생 닭에게 생기는 수많은 질병으로 인해 달걀 역시 식재료로 안전하지 않았습니다. 그러던 중 질병에 저항력이 강한 닭이 등장했고, 인류는 자연스럽게 건강한 닭만을 사육하면서 야생 닭의 질병을 치료하는 약을 개발하였습니다. 결국 질병을 치료한 건강한 닭이 알을 낳으면서 비로소 달걀은 하나의 식재료가 되었습니다.

고대 로마시대는 달걀과 관련된 일화를 많이 찾아볼 수 있을 정도로 달걀이 일반적인 식재료였습니다. 이 당시에도 달걀을 아침 식사나 간식, 파티 음식으로 즐겨먹었다고 하는데, 최근 영국 버킹엄셔 주의 에일즈베리에서 약 1,700년이나 된 고대 로마시대의 달걀 바구니 유적이 발굴되어 이런 기록을 뒷받침해주고 있습니다. 또한, 죽은 사람의 무덤 주위에 닭 뼈와 으깬 달걀 껍데기를 뿌리는 관습이 있었는데, 이는 부활에 대한 신념이 강했기 때문이라고 합니다. '닭이 먼저냐? 달걀이 먼저냐?'라는 말이 있을 정도로 달걀에서 닭이 태어나고 또

닭은 달걀을 낳으며 계속 순환을 이어나가는데, 이를 보고 달걀을 부활의 상징으로 여기며 저승의 신들에게 공물로 던진 것으로 추측하고 있습니다. 부활절을 축하하기 위해 사용하는 부활절 달걀 역시, 메소포타미아 초기 기독교인들 사이에서 시작되었다고 하니, 어느 정도 연관성이 있어 보입니다.

우리나라의 경우, 원삼국시대(기원전 3세기~기원전 2세기, 선사시대에서 역사시대로 전환되는 과도기적 시기)부터 닭을 사육하기 시작했습니다. 실제로 경주시 황남동 155호 고분에서 달걀 30개가 든 토기가 출토되었다는 자료도 있습니다. 달걀 조리법이 구체적으로 제시된 때는 조선시대입니다. 고려 이전까지는 달걀 조리법이 전혀 기록에 남아있지 않다가 조선 후기 한글 음식조리서인 『음식디미방(飲食知▽味方, 1680)』과 『주방문(酒方文, 1600년대 말)』에서부터 기록되기 시작했습니다.

달걀의 어원을 살펴보면 '닭의알 → 닭이알 → 달걀'로 말이 진화했음을 확인할 수 있습니다. 종종 '달걀'이라고 쓰는 것이 맞는지 '계란'이라고 쓰는 것이 맞는지 헷갈리는 경우가 있는데, 국립국어원에 따르면 둘 다 맞는 말이지만 '계란(鷄卵)'은 한자어이고, '달걀'은 고유어이므로 가급적 달걀을 사용하는 것이 더 바람직하다고 합니다. 이에 따라 책에서는 전부 '달걀'로 표기하였습니다.

■ 달걀의 영양 & 효능

달걀은 약 74%의 수분과 미네랄, 비타민뿐만이 아니라 필수아미노산 및 필수지방산의 주요한 공급원이 되어, '완전식품'이라고 불릴 정도로 풍부한 영양을 가지고 있습니다. 달걀 하나를 기준으로 달걀흰자에는 3.5g 정도의 단백질이 들어있고, 노른자에는 레시틴^{lecithin}, 철분, 황, 비타민A·B·D·E, 아연 등이 들어있습니다. 열량은 달걀 한 개당 약 76kcal로 영양가는 높으면서 열량과 당이 낮아 균형 잡힌 식품입니다.

• 심혈관질환 예방

달걀은 '콜레스테롤의 대명사'로 알려져 있을 정도로 많은 양의 콜레스테롤이 들어있지만 이것이 나쁜 것은 아닙니다. 콜레스테롤에는 좋은 콜레스테롤인 HDL과 나쁜 콜레스테롤인 LDL이 있는데, 달걀에 포함된 콜레스테롤은 HDL의 수치를 높여주기 때문에 건강에 이로운 작용을 한다고 볼 수 있습니다. HDL은 혈관에 쌓이는 LDL을 간으로 운반해 체외로 배출시키는 역할을 하여, 뇌졸중이나 심근경색 등의 심혈관질환을 예방하는 데 도움이 됩니다. 하지만 어떤 식품이든 과하게 섭취하면 부작용을 일으킬 수 있으니, 달걀은 하루에 최대 3개까지만 섭취하는 것이 좋습니다.

• 면역력 강화

달걀에는 셀레늄^{selenium}이 하루섭취권장량의 22%나 들어있습니다. 셀레늄은 체내의 여러 가지 작용에 필수적인 미량무기질이자 항산화물질입니다. 이러한 셀레늄의 항산화작용은 해독작용은 물론 면역기능을 증진시켜 암, 간 질환, 신장병, 관절염 등을 예방하고 치료하는 데 도움이 됩니다.

• 두뇌 건강과 스트레스 완화

달걀에는 세포막의 구성 요소이자 신경전달물질 중 하나인 아세틸콜린$^{acetyl\ choline}$을 합성하는데 꼭 필요한 콜린^{choline}이 함유되어 있습니다. 다수의 연구에 따르면 콜린 결핍은 신경질환의 발생과 관련이 있고, 인지기능을 저하시키는 것으로 나타났습니다. 따라서 두뇌 건강을 원한다면 콜린이 풍부하게 들어있는 달걀을 꾸준히 섭취하는 것이 좋습니다.

스트레스를 많이 받는 분들에게도 달걀은 아주 좋습니다. 달걀에 들어있는 라이신^{lysine}은 신경기관에서 세로토닌^{serotonin} 수치를 조절해서 스트레스와 불안증세를 완화시킵니다. 또한 몸의 활력을 주는 비타민B$_2$의 하루섭취권장량의 15%가 달걀 하나로 해결되기 때문에 에너지를 회복하는 데에도 아주 좋습니다.

• 피부 미용과 다이어트

피부 미용을 위해 달걀팩을 많이 하는데, 달걀은 피부에 바르는 것뿐만이 아니라 섭취하는 것으로도 도움이 됩니다. 달걀에 들어있는 비타민B복합체는 피부, 머리카락, 눈, 간 건강에 반드시 필요한 영양소이기 때문에 적당히 섭취하면 탄력 있는 피부를 얻을 수 있습니다.

다이어트를 할 경우, 고단백 저칼로리 식품인 달걀을 먹으면 적은 양으로도 금방 포만감을 느끼고, 그 포만감이 오래 지속되어 식욕억제효능까지 기대할 수 있습니다. 식단조절을 하고 있는 분이라면 달걀 섭취를 통해 영양을 챙기면서 건강하게 다이어트를 하길 바랍니다.

■ 달걀의 종류

• 무게에 따른 분류 : 소란, 대란&중란, 특란, 왕란

달걀의 기본 무게는 50~60g 정도로 껍데기 11%, 흰자 58%, 노른자 31%로 구성되어 있습니다. 무게에 따라 달걀을 구분하는 기준은 각 나라마다 상이한데, 우리나라의 경우 '축산물품질평가원'에서 확인할 수 있습니다. 달걀 1개의 무게를 기준으로 44g 미만은 소란(3등급), 52~60g 사이는 대란 및 중란(2등급), 60~68g 사이는 특란(1등급), 68g 이상은 왕란(1⁺등급)으로 구분합니다.

• 색상에 따른 분류 : 백란, 황란, 청란

달걀의 색상에 따라 종류를 구분하는 경우도 있습니다. 먼저 가장 대표적인 백란과 황란을 살펴보겠습니다. 달걀의 색은 닭의 품종에 따라 결정되는 것으로 대체로 털이 하얀 품종의 닭은 백란을 낳고, 털이 갈색 품종의 닭은 황란을 낳습니다. 우리나라의 경우 황란을 흔하게 볼 수 있는데, 이는 1980년대 말~1990년대 초에 '갈색 닭이 토종닭 = 황란이 토종 달걀'이라는 인식이 생겨 황란의 유통이 많아졌기 때문입니다. 색에 따라 영양이나 품질에 차이가 있는 것은 아니지만 맛에는 조금 차이가 있습니다. 그 이유는 흰자와 노른자의 비율 때문입니다. 흰자와 노른자의 비율을 보면 황란이 7 : 3, 백란이 6 : 4로 노른자 비중이 더 높은 백란이 비린내가 덜하고 더 고소합니다. 백란과 황란만큼 쉽게 볼 수 있는 건 아니지만, 파란색을 띠는 청란도 있습니다. 청란은 청계닭이 낳은 달걀로 일반적인 달걀보다 크기는 훨씬 작지만, 껍데기는 매우 단단합니다. 또한 맛이 고소하고 담백할 뿐만 아니라 노른자의 광택이 선명하고 탱글탱글해서 비싼 가격에도 불구하고 높은 인기를 얻고 있습니다.

• 수정 유무에 따른 분류 : 유정란, 무정란

유정란과 무정란의 차이는 수정의 유무입니다. 유정란은 '수정란'이라고도 불리며 수탉과 교미를 해 나온 달걀이고, 무정란은 수탉 없이 암탉이 스스로 만든 달걀을 의미합니다. 유정란은 무정란에 비해 알의 크기가 다소 작고 비린 맛도 적지만 저장하는 방법과 온도 조절이 까다로워 쉽게 상하기 때문에 되도록이면 빨리 섭취하는 것이 좋습니다.

◯◯ 달걀요리의 기본 ————————

■ 달걀 구입법

달걀을 구입할 때는 무게감이 있고 껍데기가 두꺼우며, 이물질이 없고, 만졌을 때 거친 것이 좋습니다. 하지만 가장 중요한 것은 달걀의 신선도를 확인하는 것입니다. 달걀의 신선도는 달걀을 깨트렸을 때, 흰자와 노른자가 퍼지는 정도에 따라 구별이 가능합니다. 상태가 좋지 않은 달걀은 쉽게 퍼지고, 건강한 달걀은 노른자가 단단해 쉽게 퍼지지 않습니다.

달걀을 깨트리지 않고도 신선도를 구분하려면 소금물을 사용하면 됩니다. 소금물에 달걀을 넣었을 때 달걀이 수면 위로 바로 뜬다면 상태가 좋지 않은 달걀입니다. 신선하지 않은 달걀은 껍데기 내부에 공기층이 쌓여 무게가 가벼워지기 때문입니다.

더 정확하게 신선도를 확인하려면, 달걀껍데기에 적혀있는 산란일자를 확인하는 방법도 있습니다. 달걀껍데기에는 산란일자(4자리), 생산자고유번호(5자리), 사육환경번호(1자리) 순서로 총 10자리가 표시되어 있습니다. 즉, '0515XC9Y04'라고 표시되어 있다면 5월 15일에 'XC9Y0'이라는 사람이 기존케이지에서 생산했다는 의미입니다. 참고로 사육환경번호 1번은 방목장에서 자유롭게 키우는 사육방식(방사)이고, 2번은 케이지(닭장)과 축사를 자유롭게 다니도록 키우는 사육방식(평사), 3번은 개선케이지(0.075㎡/마리), 4번은 기존케이지(0.05㎡/마리)를 말합니다. 이처럼 달걀 껍데기만 잘 확인해도 얼마든지 신선한 달걀을 구입할 수 있습니다.

■ 달걀 보관법

달걀은 구입한 즉시, 씻지 않은 상태로 냉장 보관하면 3주간 신선도를 유지할 수 있습니다. 냉장 보관할 때는 온도 변화가 심하지 않도록 냉장고 문보다는 안쪽 구석 자리에 구입한 상태 그대로 두거나 뚜껑이 있는 플라스틱 용기에 보관하는 것이 좋습니다. 또한 숨구멍이 있는 둥근 부분이 위로, 뾰족한 부분이 아래로 향하게 두어야 조금 더 신선함을 오래 유지할 수 있습니다. 달걀은 냄새를 흡수하는 성질이 있으니 최대한 단독으로 보관하고, 달걀을 한 번 씻었다면 냉장고에, 달걀을 씻지 않았다면 상온에 보관합니다.

삶은 달걀의 경우 껍데기를 벗기지 않았다면 2~3일 정도, 껍데기를 벗겼다면 1~2일 정도 보관이 가능합니다.

■ 달걀 기본 조리법

• 삶은 달걀

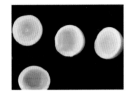

달걀 조리법 중 가장 쉽고 간단한 메뉴인 삶은 달걀입니다. 취향에 따라 삶는 시간을 달리해 다양한 식감으로 먹을 수 있으며, 삶은 다음 양념에 조리거나 재워 또 다른 음식을 만들기도 합니다.

냄비에 달걀을 넣고 달걀이 푹 잠길 정도로 물을 붓습니다. 그다음 소금 10g과 식초 1T을 넣고 삶으면 완성입니다. 이때 6~8분간 삶으면 반숙, 10~14분간 삶으면 완숙 달걀을 만들 수 있습니다.

달걀은 삶는 정도에 따라 소화되는 시간이 다릅니다. 달걀 2개를 기준으로 반숙 : 1시간 30분 / 날달걀 : 2시간 30분 / 구운 달걀 : 2시간 45분 / 삶은 달걀 : 3시간 15분이 소요됩니다.

• 달걀프라이

삶은 달걀과 우위를 다툴 정도로 자주 만드는 달걀프라이입니다. 어떻게 만드느냐에 따라 다양한 종류로 나뉘며, 소금이나 토마토케첩, 후춧가루, 파슬리 등을 곁들여 먹습니다.

• 써니 사이드 업(Sunny Side Up)
노른자가 터지지 않게 한쪽 면만 익힌 달걀프라이로, 달군 팬에 식용유를 두르고 달걀을 깨 넣어 흰자만 익히면 완성입니다. 이때 포크를 사용해 몰려있는 흰자를 퍼트리며 조리하는 것이 좋습니다.

• 스팀 베이스티드(Steam Basted)
수증기로 윗면을 살짝 익힌 달걀프라이로, 노른자를 덮고 있는 흰자가 코팅되듯 익는 것이 특징입니다. 써니 사이드 업 상태에서 팬에 물을 30ml 정도 붓고 뚜껑을 덮어 30~40초간 익히면 완성입니다.

• 오버 이지, 미디엄, 하드(Over Easy, Medium, Hard)
흰자는 앞뒤로 다 익히고, 노른자의 익힘 정도에 따라 약간의 차이가 있는 달걀프라이입니다. 오버 이지는 노른자를 반만 익힌 것으로 써니 사이드 업 상태에서 프라이를 뒤집어 1분간 익힌 것이고, 오버 미디엄은 1분 30초간 익혀 노른자를 2/3 정도 익힌 것을 말합니다. 오버 하드는 2분 30초간 익혀 노른자를 완전히 익혀서 완성합니다.

• 스크램블

아침 식사 메뉴로 간단하게 만들어 먹는 스크램블입니다. 주로 토스트나 샐러드와 함께 즐기며, 모양을 내지 않아도 되기 때문에 달걀프라이에 자신이 없는 분들이 자주 만드는 메뉴입니다. 익히는 정도에 따라 부드럽거나 탱탱한 식감으로 만들 수 있습니다.

볼에 달걀을 깨 넣고 소금을 조금 넣은 후 젓가락으로 풀어줍니다. 식용유를 두른 달군 팬에 달걀물을 붓고 지그재그로 휘저으며 덩어리를 만들어 익히면 완성입니다. 이때 달걀을 체에 한 번 걸러 알끈을 제거하거나, 우유를 넣으면 더욱 부드러운 스크램블을 만들 수 있습니다.

• 수란

기름에 튀기는 것이 아니라 뜨거운 물로 익혀서 만드는 수란입니다. 보통 브런치에 자주 사용하며 에그 베네딕트나 샌드위치에 곁들이기도 하고, 비빔밥에 달걀프라이 대신 올리기도 합니다.

냄비에 물을 붓고 끓입니다. 물이 팔팔 끓으면 식초를 넣고 물을 휘저어 소용돌이를 만든 다음, 소용돌이 한가운데에 달걀을 깨 넣습니다. 그 상태로 10~15초간 두었다가 국자에 올려 모양을 잡아가며 익히면 완성입니다.

CHAPTER 2

달걀로
만드는 한 상

달�걀죽

몸이 아플 때, 소화가 잘 안 될 때, 입맛이 없을 때 먹으면 아주 좋은 달걀죽입니다. 목 넘김이 부드럽고 위에 부담도 없으면서 영양이 풍부해서 회복식으로는 최고의 메뉴입니다.

+ Ingredients

달걀죽
달걀 1개
대파 15g
당근 30g
밥 1/2공기(330g)
참기름 1T
소금 1꼬집
후춧가루 2꼬집

멸치다시마육수
물 500ml
다시마(5cm×3cm) 2장
멸치 15마리

곁들임 재료
달걀노른자 1개
통깨 1g
검은깨 1g

+ Cook's tip

• 달걀물을 붓고 바로 저으면 달걀이 지저분하게 풀어지니, 달걀물을 붓고 10초간 그대로 두었다가 저어줍니다.
• 멸치다시마육수를 끓일 때는 멸치의 머리와 내장을 제거한 다음 끓여야 깔끔한 육수를 만들 수 있습니다.

재료를 준비합니다.

냄비에 분량의 멸치다시마육수 재료를
모두 넣고 10분간 끓여 육수를 만듭니다.

대파는 잘게 썰고 당근은 곱게 다집니다.

냄비에 참기름을 두르고 대파와 당근을
넣은 다음, 대파의 향이 올라올 때까지
약 1분간 볶습니다.

밥을 넣고 골고루 섞으며 1분간 볶습니
다. 뭉친 밥알이 없도록 풀면서 볶는 것
이 좋습니다.

2번의 멸치다시마육수를 붓고 끓입니다.

죽을 끓이면서 밥 위로 떠오르는 거품은 숟가락으로 떠냅니다.

그릇에 달걀을 깨고 소금을 넣은 다음 풀어 달걀물을 만듭니다.

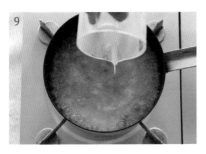

달걀물을 냄비 가장자리부터 달팽이 모양을 그리며 붓고 그대로 10초간 두어 익힙니다.

달걀이 익으면 후춧가루를 뿌려 골고루 섞은 다음 그릇에 담고, 달걀노른자와 깨를 올리면 완성입니다.

달걀볶음밥

간단하게 만들어 맛있게 먹을 수 있는 달걀볶음밥입니다. 복잡한 요리하기 싫은 날, 쓱쓱 볶기만 하면 뚝딱 만들 수 있는데요. 담백한 달걀볶음밥에 잘 익은 김치 한 조각이면 밥 한 공기는 순식간에 비워낼 수 있습니다.

+ Ingredients

달걀볶음밥

밥 1공기
달걀노른자 2개
다진 청피망 1T
다진 홍피망 1T
다진 양파 2T
다진 쪽파 2T

다진 마늘 1t
소금 5g
후춧가루 2꼬집
간장 2T
굴소스 1T
식용유 1.5T

+ Cook's tip

- 밥과 달걀노른자를 미리 섞어두면, 색감도 좋고 더 고슬고슬한 달걀볶음밥을 만들 수 있습니다.
- 간장을 재료 위에 부어 섞는 게 아니라, 팬에 살짝 태우듯 볶은 다음 섞으면 불맛이 납니다.

안심Touch

재료를 준비합니다.

볼에 밥과 달걀노른자를 넣어 골고루 비벼
둡니다.

달군 팬에 식용유를 두르고 다진 양파와
청·홍피망을 넣고 볶습니다.

다진 마늘을 넣고 소금과 후춧가루를
뿌린 다음 골고루 볶습니다.

볶은 채소를 팬의 한쪽으로 밀어두고 팬
바닥에 간장과 굴소스를 넣어 살짝 태우
듯이 볶습니다.

한쪽으로 밀어두었던 채소와 골고루 섞습
니다.

7

2번에서 달걀노른자와 비벼둔 밥을 넣고 섞습니다. 이때 숟가락 두 개로 밥을 찌르 듯이 볶아야 밥알이 으깨지지 않고 고슬 고슬해집니다.

8

다진 쪽파를 넣고 한 번 더 살짝 볶으면 완성입니다.

오믈렛

고소하고, 촉촉하고, 부드러운 오믈렛입니다. 담백한 달걀 안에 다양한 채소가 듬뿍 들어있어서 씹는 재미가 있습니다. 부담스럽지 않으면서도 먹고 나면 속이 든든해져서 아침 식사나 브런치로 아주 훌륭한 메뉴입니다.

+ Ingredients

[오믈렛]
달걀 5개
생크림 1.5T
베이컨 3줄
새송이버섯 1/2개(30g)
양배추 35g
토마토 1개(100g)

버터 1T
소금 1/2t
후춧가루 2꼬집

[곁들임 재료]
샐러드 채소 1줌
토마토 1개
토마토케첩 약간

+ Cook's tip

- 달걀에 생크림을 넣고 섞으면 더욱 부드러운 오믈렛을 만들 수 있습니다.
- 베이컨과 채소를 볶은 팬을 닦지 않은 상태로 달걀물을 부으면 훨씬 깊은 풍미를 낼 수 있습니다.
- 완성된 오믈렛을 접시에 담고 샐러드 채소와 토마토, 토마토케첩 등을 곁들이면 더욱 좋습니다.

재료를 준비합니다.

베이컨과 새송이버섯, 양배추는 곱게 다지고, 토마토는 작게 깍둑 썰어둡니다.

달군 팬에 버터 1/2T을 두르고 베이컨을 노릇하게 볶다가, 소금과 후춧가루를 넣어 간을 맞춥니다.

새송이버섯과 양배추, 토마토를 넣어 1분간 골고루 볶은 다음, 다른 그릇에 덜어둡니다.

볼에 달걀을 넣고 풀다가 생크림을 넣어 골고루 섞습니다.

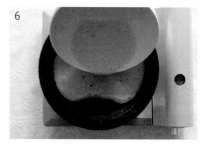

팬을 닦지 않은 상태 그대로 버터 1/2T을 넣어 녹이고 5번의 달걀+생크림을 붓습니다. 이때 불은 약한 불에 둡니다.

달걀의 가장자리가 살짝 익기 시작하면
젓가락으로 지그재그를 그려가며 익힙니
다. 이렇게 하면 달걀이 더욱 보들보들
해집니다.

달걀의 가장자리가 0.3cm 정도 익으면
4번에서 볶아두었던 재료를 달걀의 한
쪽에 올립니다.

뒤집개를 사용해 반대쪽 달걀로 채소를
덮고 팬을 한쪽으로 기울여 반달 모양으
로 노릇하게 구우면 완성입니다.

회오리 오므라이스

단순한 오므라이스도 달걀을 회오리 모양으로 만들어 변화를 주면 단번에 특별한 음식이 됩니다. 여기에 고소하고 부드러운 베사멜소스와 토마토케첩을 섞어 만든 소스를 부으면 취향저격 회오리 오므라이스가 완성입니다.

+ Ingredients

볶음밥
찬밥 1공기
햄 60g
당근 50g
양파 45g
소금 1/3t
후춧가루 1/4t
식용유 2T
토마토케첩 2T

토마토 베사멜소스
베사멜소스 1컵
토마토케첩 1/2컵

회오리지단
달걀 5개
식용유 4T

베사멜소스
버터 1T
밀가루 2T
물 1컵

+ Cook's tip

- 달걀물에 전분가루를 1~2꼬집 정도 넣으면 지단이 쉽게 찢어지지 않습니다.
- 회오리지단을 만들 때는 약한 불로 천천히 익히면서 지단을 젓가락으로 잡고 프라이팬을 돌려야 잘 만들어집니다.
- 회오리지단은 달걀을 100%로 다 익히지 말고 약 85% 정도 익었을 때 밥 위에 올려야 덜 찢어집니다.
- 볶음밥을 밥공기에 담은 다음 그릇에 엎으면 예쁜 모양으로 만들 수 있습니다.
- 완성된 회오리 오므라이스에 파슬리가루를 살짝 뿌리면, 색감이 화려해져 식욕을 자극합니다.

베사멜소스 만들 재료를 준비합니다.

냄비에 버터를 넣어 녹인 후, 밀가루를 넣고 덩어리지지 않도록 풀어가며 섞습니다.

물을 조금씩 넣어가며 버터와 밀가루를 골고루 섞습니다. 덩어리가 없고 보글보글 기포가 생길 때까지 끓이면 베사멜소스가 완성입니다.

회오리 오므라이스 만들 재료를 준비합니다.

3번의 베사멜소스에 토마토케첩을 넣고 끓입니다. 보글보글 기포가 생길 때까지 끓여 토마토 베사멜소스를 만듭니다.

햄과 당근, 양파를 같은 크기로 잘게 자릅니다.

7

달군 팬에 식용유를 두르고 햄을 넣어 볶다가 당근과 양파 순서로 넣고, 소금과 후춧가루로 간을 맞춥니다.

8

양파가 투명하게 익으면 찬밥을 넣고 숟가락 두 개로 밥을 찌르듯이 섞어 골고루 볶습니다.

9

밥과 채소가 골고루 섞이면 토마토케첩을 넣어 흰밥이 보이지 않도록 볶아 볶음밥을 만듭니다.

10

달군 팬에 식용유를 두르고 약한 불로 줄인 다음, 체에 걸러 알끈을 제거한 달걀물을 붓습니다.

11

달걀의 가장자리가 0.2cm 정도 익기 시작하면 젓가락을 넓게 잡고 달걀을 팬 양쪽 끝에서 가운데로 모은 다음, 프라이팬을 돌려가면서 회오리지단을 만듭니다.

12

9번에서 만든 볶음밥을 그릇에 담고 회오리지단으로 덮은 뒤, 5번의 토마토 베사멜소스를 얹으면 완성입니다.

달�걀초밥

식초와 설탕으로 양념해 만든 초밥에 보들보들하면서 달달한 일식 달걀말이를 올렸습니다. 여기에 시금치로 띠를 두르니 색감은 물론 건강까지 챙길 수 있는 초밥 완성! 아이들은 물론 손님에게 대접해도 손색 없는 메뉴입니다.

+ Ingredients

달걀초밥
다시마밥 1공기
소금 1t
설탕 1t
식초 1T
시금치 1포기
뜨거운 물 약간

다시마밥
불린 쌀 1컵
다시마(4cm×4cm) 1장

달걀말이
달걀 4개
맛술 1T
설탕 1t
소금 1/2t
식용유 1t

+ Cook's tip

• 달걀말이에 맛술을 넣으면 달걀의 비린내를 없앨 수 있습니다.
• 어른용 달걀초밥을 만든다면 밥과 달걀말이 사이에 고추냉이를 살짝 얹어도 좋습니다.

안심Touch

재료를 준비합니다.

시금치는 뜨거운 물에 담가 줄기가 부드
러워질 때까지 데칩니다.

불린 쌀에 다시마를 넣고 전기밥솥으로
다시마밥을 만듭니다.

달걀말이용 사각팬에 식용유를 두르고
키친타월을 사용해 팬에 전체적으로 기
름칠을 한 뒤, 약한 불로 달굽니다.

팬이 달궈지는 사이 볼에 달걀과 맛술,
설탕, 소금을 넣고 섞습니다.

달걀을 젓가락으로 섞다가 체에 두 번
정도 내려 알끈을 풀어줍니다.

달군 팬에 달걀물을 조금만 붓고 팬을 한 바퀴 돌려 얇게 폅니다.

달걀이 익으면 조금씩 맙니다. 이때 끝까지 말지 말고 마지막 한 바퀴가 남았을 때 달걀말이 밑으로 달걀물을 부어 계속 붙여가며 말아줍니다.

달걀말이가 통통해지면 뒤집개 두 개를 사용해 네모난 모양이 되도록 위와 옆을 눌러가며 말아 빈틈을 없앱니다.

완성된 달걀말이는 도톰하게 썰어 준비합니다.

3번의 다시마밥이 완성되면 뜨거울 때 소금과 설탕, 식초를 넣고 고슬고슬하게 섞은 다음, 초밥 모양으로 뭉칩니다.

밥 위에 10번의 달걀말이를 올리고 2번의 시금치로 감싸면 완성입니다.

달걀국

냉장고에 마땅한 재료가 없을 때 순식간에 따뜻한 국물요리를 만들 수 있는 후다닥 레시피입니다. 빠르게 만들었지만 맛은 보장되는 메뉴로, 입맛이 없거나 속을 달래야 할 때 아주 좋습니다.

+ Ingredients

달걀국

달걀 2개
물 2.5컵
다시마물 2.5컵
당근 25g
대파 25g
양파 45g

다진 마늘 1t
국간장 1T
굵은 소금 1t
후춧가루 2g

다시마물

다시마(4cm×4cm) 4장
물 800ml

+ Cook's tip

- 국간장은 1T 정도만 넣고 모자라는 간은 소금으로 맞춥니다. 소금의 양은 입맛에 따라 가감해도 좋습니다.
- 달걀을 넣은 후에는 10초 정도 건드리지 말고 그대로 익혀야 국물이 깔끔해집니다.

안심Touch

다시마물 만들 재료를 준비합니다.

다시마를 찬물에 30~40분, 또는 뜨거운 물에 15~20분간 우려낸 뒤 건져서 준비합니다.

달걀국 만들 재료를 준비합니다.

당근은 얇게 채 썰고, 대파는 어슷썰기, 양파는 슬라이스합니다.

냄비에 물과 2번의 다시마물을 붓고 센불로 끓입니다.

육수가 끓는 사이 젓가락을 사용해 달걀을 골고루 저어 알끈을 풀어줍니다.

육수가 끓어오르면 약한 불로 줄이고 썰어두었던 당근, 대파, 양파를 넣습니다.

다진 마늘을 넣고 국간장과 굵은 소금으로 간을 맞춥니다.

6번에서 풀어둔 달걀을 달팽이 모양으로 부어줍니다. 이때 달걀을 붓고 10초 정도 그대로 두었다가 젓가락으로 휘휘 저어줍니다.

후춧가루를 넣고 한소끔 더 끓이면 완성입니다.

달걀말이

호불호가 갈리지 않고 누구나 좋아하는 달걀말이입니다. 다양한 채소를 넣어 색감은 물론 건강까지 생각하며 만들었습니다. 채소 대신 햄이나 참치 등을 넣어 다양하게 응용해도 좋습니다.

+ Ingredients

달걀말이

달걀 5개
대파 12g
양파 31g
당근 27g
소금 5g
식용유 40ml

+ Cook's tip

- 소금과 식용유는 상황에 따라 조금씩 가감합니다.
- 달걀말이는 최대한 약한 불에서 만들어야 타지 않고 예쁘게 만들 수 있습니다.
- 달걀말이에 들어가는 채소는 최대한 작게 썰어야 모양을 만들기가 쉽습니다.

재료를 준비합니다.

대파와 양파, 당근을 잘게 썰어 다집니다.
채소를 작게 썰수록 달걀말이를 예쁘게
만들 수 있습니다.

달걀은 가볍게 풀고 체에 내려 알끈을
제거한 다음, 소금을 넣고 섞습니다.

체에 내린 달걀물에 2번의 다진 채소를
넣고 골고루 섞습니다.

달군 사각팬에 식용유를 두르고 키친타
월을 사용해 팬에 전체적으로 기름칠을
한 다음, 달걀물을 얇게 붓습니다.

달걀의 가장자리가 살짝 익으면 조금씩
말아줍니다. 달걀말이를 팬의 한쪽 끝으
로 옮긴 후, 빈 곳에 다시 달걀물을 붓고
말기를 반복합니다.

달걀말이가 통통하게 만들어지면 팬 끝
으로 민 다음, 숟가락으로 눌러 모양을
잡아가면서 사방을 30초씩 익힙니다.

모양을 잡은 달걀말이를 도마로 옮겨 한
김 식힌 다음 도톰하게 썰면 완성입니다.

달걀노른자 장

2인분　15분(숙성 시간 제외)

달걀노른자에 간장소스를 부어 숙성시켜 먹는 달걀노른자 장입니다. 담백하면서도 고소한 달걀노른자 장을 따뜻한 밥 위에 올리고 톡 터뜨려서 비벼 먹으면 정말 맛있습니다.

+ Ingredients

달걀노른자 장

달걀노른자 4개

간장소스

물 1컵
간장 5T
맛술 1T
설탕 1T
다시마(3cm×3cm) 2장
대파(4cm) 1대
가쓰오부시 1/2컵

+ Cook's tip

- 간장소스에 맛술을 넣으면 달걀의 비린내는 물론 간장의 텁텁한 맛도 없앨 수 있습니다.
- 달걀노른자에 바로 간장소스를 부으면 노른자가 터지거나 열기에 익을 수 있으니 반드시 한 김 식혀 그릇의 가장자리에 붓도록 합니다.
- 달걀노른자 장을 숙성시킬 때 그릇에 랩을 씌우면 노른자가 터지지 않고 더 잘 만들어집니다.

재료를 준비합니다.

냄비에 가쓰오부시를 제외한 분량의 간장 소스 재료를 모두 넣고 10분간 바글바글 끓입니다.

불을 끄고 가쓰오부시를 넣어 녹입니다.

가쓰오부시가 적당히 녹으면 체에 걸러 맑은 간장소스를 만든 다음 한 김 식힙니다.

그릇에 달걀노른자를 넣고 4번의 한 김 식힌 간장소스를 그릇의 가장자리로 흘려 넣듯이 붓습니다.

달걀노른자가 살짝 오그라들듯 가운데로 몰리면 냉장고에 넣어 6시간 정도 숙성시키면 완성입니다.

마약달걀

한동안 SNS를 뜨겁게 달아오르게 한 마약달걀입니다. 달걀을 반숙으로 삶아 간장소스에 숙성시켜 먹는 초간단 메뉴인데요. 따뜻한 밥 위에 올린 다음 달걀을 반으로 자르면 노른자 반숙이 사르르 흘러내려 고소한 맛을 더해줍니다.

+ Ingredients

마약달걀
달걀 6개
굵은 소금 1t
식초 1T

간장소스
양파 50g
쪽파 10줄기
청양고추 1/2개
홍고추 1/2개
물 1.5컵
간장 1컵
다진 마늘 1t
통깨 1T
올리고당 1T

+ Cook's tip

- 달걀을 삶을 때 소금과 식초를 넣으면 흰자가 탄탄하게 삶아지고, 삶을 때 물을 휘저어 회오리를 만들면 달걀노른자가 가운데로 잘 모입니다.
- 달걀은 온기가 제대로 빠져야 껍데기가 잘 벗겨지니 삶은 다음 충분히 식히도록 합니다.

재료를 준비합니다.

양파와 쪽파, 청양고추, 홍고추를 작세
썰어줍니다.

보관용기에 다진 채소를 비롯한 분량의
간장소스 재료를 모두 넣고 섞습니다.

냄비에 달걀을 넣고 달걀이 잠길 정도로
물을 부은 다음, 굵은 소금과 식초를 넣
고 끓입니다.

물이 끓기 시작하면 그때부터 딱 6분간
삶은 후 찬물에 담가 완전히 식히고 껍
데기를 벗깁니다.

3번의 간장소스에 삶은 달걀을 넣어 실
온에 하루 정도 두었다가 냉장고에서 3일
간 숙성시키면 완성입니다.

달걀맵조림

달걀을 매콤소스에 조려 만드는 달걀맵조림입니다. 매번 간장에
조린 달걀만 먹었다면 새로운 맛의 달걀요리를 맛보게 될 겁니다.
담백한 달걀과 꽈리고추가 환상의 궁합을 자랑하는 메뉴입니다.

+ Ingredients

달걀맵조림
달걀 6개
굵은 소금 1t
식초 1T
통깨 1t

매콤소스
간장 1T
꿀 1T
물 100ml
고추장 1T
꽈리고추 90g
청양고추 1개
홍고추 1개

+ Cook's tip

- 달걀을 삶을 때 소금과 식초를 넣으면 흰자가 탄탄하게 삶아지고, 삶을 때 물을 휘저어 회오리를 만들면
  달걀노른자가 가운데로 잘 모입니다.
- 달걀은 온기가 제대로 빠져야 껍데기가 잘 벗겨지니 삶은 다음 충분히 식히도록 합니다.
- 취향에 따라 매콤소스의 간장과 꿀의 양을 조절해도 좋습니다.

재료를 준비합니다.

냄비에 달걀을 넣고 달걀이 잠길 정도로 물을 부은 다음, 굵은 소금과 식초를 넣어 15분간 삶습니다.

삶은 달걀은 찬물에 담가 완전히 식힌 다음, 껍데기를 벗겨 준비합니다.

팬에 분량의 매콤소스 재료를 모두 넣고 센 불로 끓입니다. 이때 청양고추와 홍고추는 적당히 잘라 매운맛이 나게 하고 꽈리고추는 통째로 넣습니다.

소스가 바글바글 끓어오르면 3번의 삶은 달걀을 반으로 잘라 넣고 조립니다.

소스를 달걀에 끼얹으며 조리다가 소스가 자작하게 남으면 통깨를 뿌려 완성합니다.

안심Touch

토마토 달걀볶음

토마토와 달걀의 환상 궁합! 일명 '토달토달'을 만들었습니다. 토마토는 뜨거운 물에 살짝 데쳐 껍질을 벗기면, 입안에서 달걀과 부드럽게 섞여 더욱 맛있게 즐길 수 있습니다.

+ Ingredients

토마토 달걀볶음

토마토 2개
달걀 4개
카놀라유(or 올리브유) 1.5T
양파 80g
대파 30g
다진 마늘 1/3T

소금 3g
후춧가루 2꼬집
간장 3T
설탕 1t

+ Cook's tip

• 토마토 달걀볶음을 만들 때, 토마토가 으깨질 정도로 세게 볶으면 토마토 속이 스크램블에 묻어 지저분해지니 가볍게 살짝만 볶는 것이 좋습니다.

안심Touch

재료를 준비합니다.

양파와 대파를 작게 썰어줍니다.

달걀에 소금 한 꼬집을 넣고 젓가락으로
휘휘 저어 골고루 풀어줍니다.

토마토는 아랫부분에 십자(十)로 칼집을
내고 팔팔 끓는 물에 2분간 데칩니다.

데친 토마토의 껍질을 벗기고 4등분으
로 잘라둡니다.

달군 팬에 카놀라유 1T을 두르고 3번의
달걀물을 붓습니다. 달걀의 가장자리가
살짝 익으면 지그재그로 휘저어 스크램
블을 만들고 다른 그릇에 덜어둡니다.

팬을 닦고 카놀라유 1/2T을 두른 뒤 양
파와 대파, 다진 마늘을 넣어 볶다가 소
금과 후춧가루로 간을 맞춥니다.

간장과 설탕을 넣고 볶다가 5번에서 잘
라둔 토마토를 넣어 볶습니다.

6번에서 덜어둔 스크램블을 넣고 토마토
가 으깨지지 않도록 골고루 볶으면 완성
입니다.

뚝배기 달걀찜

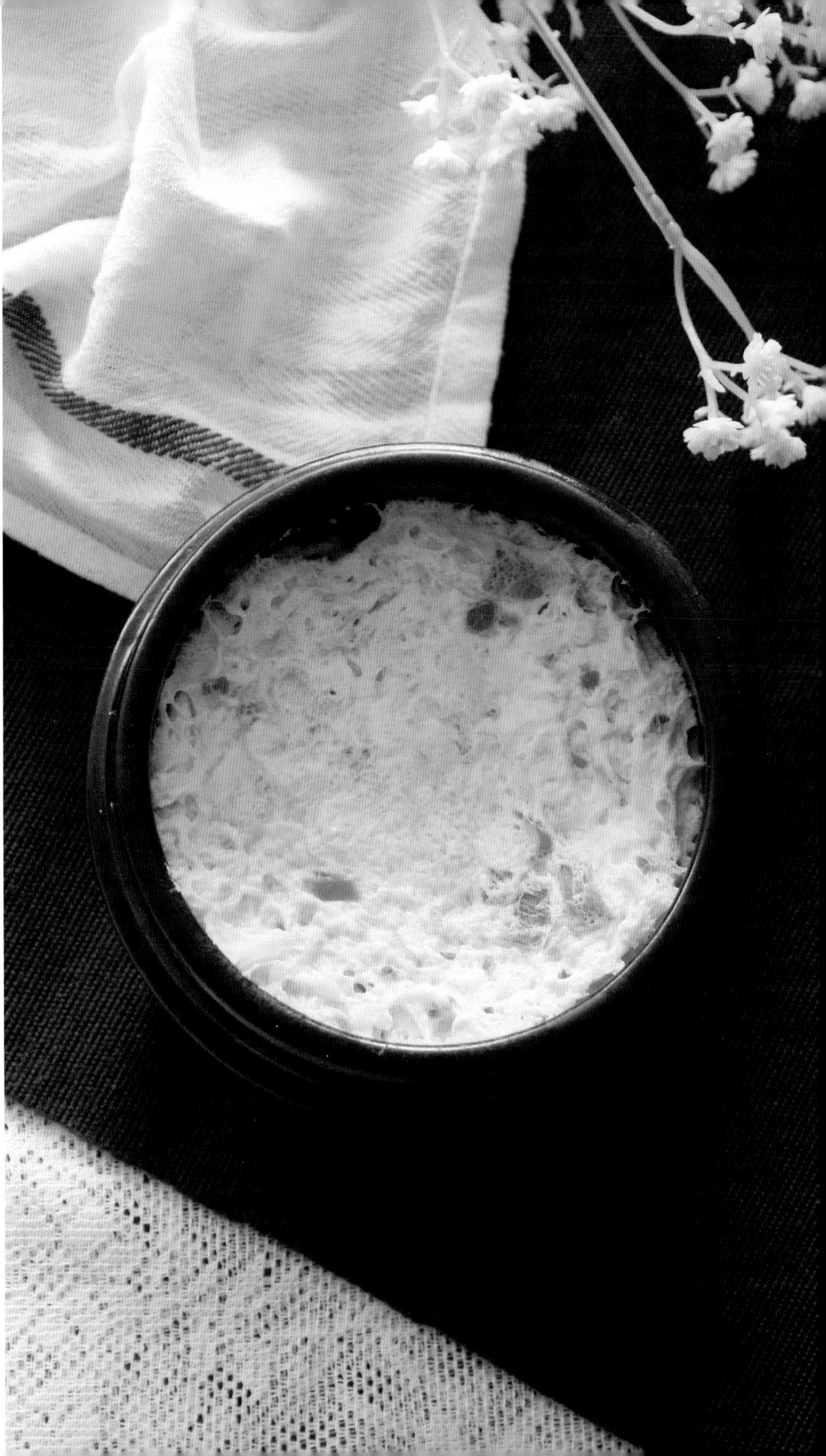

뚝배기에 만드는 보들보들한 뚝배기 달걀찜입니다. 보기에는 쉬워 보이지만 자칫하면 끓어넘치거나 바닥이 타버리기 일쑤인데요. 초보 주부도 한번에 성공할 수 있는 비법을 소개합니다.

+ Ingredients

> 뚝배기 달걀찜

달걀 3개
다시마물 330ml
맛술 1T
대파 15g
당근 12g
소금 4g
설탕 1g

+ Cook's tip

- 다시마물은 달걀국(p.336)을 참고해 미리 만들어둡니다.
- 뚝배기 달걀찜을 할 때는 약한 불에서 조리해야 바닥이 타지 않습니다.
- 뚝배기 달걀찜에 맛술을 넣으면 달걀의 비린내를 없앨 수 있습니다.

재료를 준비합니다.

대파와 당근을 잘게 다집니다. 이때 대파
와 당근은 고명용으로 조금씩 빼둡니다.

볼에 달걀을 넣고 풀다가 다시마물과
맛술을 넣고 골고루 섞습니다.

약한 불에 뚝배기를 올린 후 달걀물을
붓고 바닥까지 긁어가며 저어줍니다.

다진 대파와 당근, 소금과 설탕을 넣고
골고루 섞습니다.

바닥이 타지 않도록 긁어가면서 2분간
저어 끓입니다.

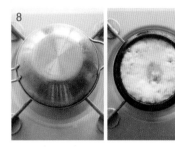

기포가 보글보글 올라오면 2번에서 고명용으로 빼놓은 당근과 대파를 올립니다.

깊이가 있는 그릇으로 뚝배기를 덮고 가장자리에서 물기가 쪼르르 나올 때까지 끓이면 완성입니다.

훈제연어 달걀샐러드 (with 노른자 드레싱)

영양 만점 삶은 달걀과 담백한 훈제연어 그리고 아삭한 샐러드에 부드럽고 고소한 노른자드레싱이 어우러진 훈제연어 달걀샐러드 입니다. 다양한 재료로 한 끼 부족함 없는 영양소를 제대로 챙길 수 있습니다.

+ Ingredients

훈제연어 달걀샐러드
달걀 4개
훈제연어 1팩
상추 6장
샐러드 채소 1컵
양파 45g
무순 1/2팩

노른자드레싱
달걀노른자 2개
올리브오일 2T
머스터드 1.5T
소금 1/3t
후춧가루 2꼬집
올리고당 2T

+ Cook's tip

- 샐러드 채소는 얼음물에 담가두면 더욱 아삭해집니다.
- 슬라이스한 양파를 물에 담가두면 특유의 아린 맛을 없앨 수 있습니다.

재료를 준비합니다.

상추는 손가락 두 마디 크기로 썰고, 샐러드 채소는 깨끗이 씻어 물기를 제거한 다음 접시에 담아둡니다. 양파는 슬라이스해 준비합니다.

냄비에 달걀을 넣고 달걀이 잠길 정도로 물을 부은 다음, 13분간 삶습니다. 삶은 달걀은 껍데기를 벗겨 반으로 잘라둡니다.

그릇에 분량의 노른자드레싱 재료를 모두 넣고 골고루 섞어 드레싱을 만듭니다.

상추와 샐러드 채소를 담은 2번의 접시에 돌돌 만 훈제연어와 반으로 자른 삶은 달걀을 번갈아 올립니다.

슬라이스한 양파와 무순을 연어와 달걀 위에 올리고 가운데에 노른자드레싱을 올리면 완성입니다.

안심Touch

E.L.T 샌드위치 (Egg, Lettuce, Tomato)

바쁜 아침 든든한 한 끼, 센스 있는 소풍 도시락, 늦은 오후의 간식. 달걀과 상추, 토마토가 듬뿍 들어있는 E.L.T 샌드위치로 맛있는 한 끼를 만들어보겠습니다.

+ Ingredients

E.L.T 샌드위치	머스터드소스
달걀 4개	마요네즈 2T
토마토 1개	머스터드 2.5T
베이컨 4줄	소금 2g
식빵 4장	후춧가루 2꼬집
슬라이스치즈 2장	
상추 8장	
양상추 6장	
식용유 1T	

+ Cook's tip

- **달걀지단 잘 만드는 법**
  1. 약한 불로 달군 프라이팬에 식용유 1t을 넣고 키친타월을 이용해 팬 전체에 기름칠을 합니다.
  2. 달걀물을 붓고 달걀의 가장자리가 익으면 뒤집개로 뒤집은 다음 30초만 더 익히면 완성입니다.

재료를 준비합니다.

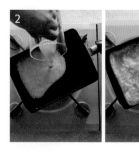

약한 불로 달군 팬에 식용유 1t을 두르고 달걀 두 개를 풀어 넣어 지단을 도톰하게 부칩니다.

베이컨은 노릇하게 구워 준비합니다.

식빵 위에 상추 두 장을 올립니다. 이때 식빵의 크기에 맞춰 잘라서 올립니다.

양상추와 슬라이스치즈를 올립니다.

작은 볼에 분량의 머스터드소스 재료를 모두 넣고 골고루 섞습니다.

슬라이스치즈 위에 머스터드소스를
1.5T 정도 펴 바릅니다.

깨끗이 씻은 토마토를 슬라이스해서 올
립니다.

2번에서 만든 달걀지단을 반으로 잘라
올립니다. 달걀지단 대신 삶은 달걀을
슬라이스해서 올려도 좋습니다.

달걀 위에 노릇하게 구운 베이컨을 올립
니다.

상추와 양상추를 식빵 크기에 맞춰 잘라
서 올립니다.

맨 위를 식빵으로 덮은 다음, 랩으로 감싸
반으로 자르면 완성입니다.

에
그
베
이
컨
롤

베이컨 안에 달걀을 넣어 구운 초간단 달걀요리입니다. 간단하게 만들었지만 비주얼이 아주 훌륭해서 간식은 물론 파티 요리로도 손색이 없는 메뉴입니다.

+ Ingredients

에그 베이컨롤

달걀 3개
달걀노른자 3개
베이컨 3줄
녹인 버터 2T
소금 2g
후춧가루 2g
파르메산치즈 12g
파슬리가루 2g
그라나 파다노치즈 20g

곁들임 재료

어린잎채소 6g
방울토마토 3개

사용 도구

종이컵
실리콘 솔
고형치즈 스크래퍼

+ Cook's tip

- 오븐은 180℃로 예열해둡니다.
- 오븐의 경우 제품에 따라 사양이 다르기 때문에 본인의 오븐에 맞춰 13~17분간 조리합니다.
- 버터를 녹일 때는 전자레인지에 20초, 10초, 10초씩 끊어서 돌려야 버터가 튀지 않습니다.
- 완성된 에그 베이컨롤에 어린잎채소와 방울토마토를 곁들이면 근사한 한 끼가 됩니다.

안심Touch

재료를 준비합니다.

종이컵 안쪽에 녹인 버터를 골고루 바릅
니다. 제대로 바르지 않으면 나중에 종이
컵을 분리하기 어려워지니 꼼꼼히 바릅
니다.

베이컨을 종이컵 안쪽 가장자리에 닿도
록 말아 넣고, 그 안에 달걀 한 개와 달
걀노른자 한 개를 넣습니다.

달걀 위에 소금과 후춧가루, 파르메산치
즈, 파슬리가루를 순서대로 올립니다.

종이컵을 오븐 팬에 올린 뒤, 180℃로
예열한 오븐에서 15분간 굽습니다.

구운 에그 베이컨롤 위에 그라나 파다노
치즈를 스크래퍼로 갈아 뿌리면 완성입
니다.

달�걀떡볶이

우리가 익히 알고 있는 빨간 고추장 양념이 아니라, 달걀을 이용해 담백한 떡볶이를 만들어보겠습니다. 떡볶이에 대한 편견을 완전히 깨버린 달걀떡볶이! 촉촉하고 부드러운 달걀이 듬뿍 들어가 매운 음식을 못 먹는 사람에게 딱입니다.

+ Ingredients

달걀떡볶이
달걀 3개
양파 1개
올리브유 1.5T
버터 1T
소금 1/2t
후춧가루 2꼬집
떡볶이 떡 160g
슬라이스치즈 2장
파슬리가루 1/2t

+ Cook's tip

• 떡볶이 떡은 한번 헹군 다음 찬물에 불려두면 더욱 말랑하게 먹을 수 있습니다.

재료를 준비합니다.

양파는 먹기 좋은 굵기로 슬라이스합니다.

달군 팬에 올리브유와 버터를 넣어 녹인
다음 양파를 넣고 볶습니다.

양파가 살짝 익으면 소금과 후춧가루를
넣어 간을 맞춥니다.

볼에 달걀을 넣고 젓가락을 사용해 풀어
줍니다.

양파가 익어 투명해지면 미리 불려둔 떡
볶이 떡을 넣고 볶습니다.

떡이 말랑하게 익으면 불을 약하게 줄이
고 달걀물을 부어 익힙니다.

달걀의 가장자리가 익기 시작하면 스크램
블을 만들듯이 젓가락으로 저어 줍니다.

달걀떡볶이를 접시에 담고 슬라이스치
즈를 올린 다음 파슬리가루를 뿌리면 완
성입니다.

에그베네딕트

노릇하게 구운 베이컨에 달달하게 볶은 시금치, 그 위에 수란을 올려 만드는 에그 베네딕트(Egg Benedict)입니다. 수란을 톡 터트리면 고소한 노른자가 흘러내려 풍미를 더욱 높여주는데요. 여기에 직접 만든 홀랜다이즈소스까지 곁들이면 최고입니다.

+ Ingredients

에그 베네딕트
달걀 1개
물 500ml
식초 1T
식빵 1장
베이컨 2줄
시금치 60g
소금 2꼬집
후춧가루 2꼬집
식용유 1T

홀랜다이즈소스
달걀노른자 2개
녹인 버터 3T
씨겨자 1t
소금 2꼬집
후춧가루 2꼬집
레몬즙 1T

곁들임 재료
방울토마토 3개
비타민채 1포기

+ Cook's tip

- 수란을 만들 때, 소용돌이 한가운데에 달걀을 넣어야 흰자가 노른자를 덮으면서 완벽한 수란이 됩니다.
- 수란의 흰자가 익으면 찬물에 넣어 여열로 달걀이 계속 익는 것을 막아줍니다.

재료를 준비합니다.

냄비에 분량 외의 물을 붓고 수증기가 올라올 때까지 끓인 다음, 중탕볼을 올리고 달걀노른자를 넣어 풀어줍니다.

달걀노른자가 잘 풀어졌으면, 녹인 버터를 넣고 섞습니다.

수증기를 이용해 달걀노른자와 버터를 섞습니다. 이때 중탕볼에 물이 들어가지 않도록 조심합니다.

달걀노른자와 버터가 분리되지 않고 잘 섞이면 씨겨자를 넣고 섞습니다.

소금과 후춧가루, 레몬즙을 넣고 5분간 저으면서 끓여 홀랜다이즈소스를 만듭니다.

냄비에 물을 붓고 팔팔 끓인 다음 식초를 넣고, 젓가락으로 빠르게 회오리를 그려 소용돌이를 만듭니다.

소용돌이 한가운데에 달걀을 깨서 살포시 넣어줍니다. 이때 노른자가 깨지지 않도록 조심합니다.

약 1분 30초간 그대로 두어 달걀흰자를 익힌 다음 건져내 찬물에 담가 열기를 없앱니다.

약한 불로 달군 팬에 식용유를 두르고 시금치를 넣어 볶다가, 소금과 후춧가루로 간을 맞춥니다. 시금치는 30초 정도만 볶습니다.

베이컨은 누릇하게 구워줍니다.

접시에 식빵을 깔고, 베이컨과 볶은 시금치, 수란을 올린 다음 6번의 홀랜다이즈소스를 올립니다. 여기에 방울토마토와 비타민채를 곁들이면 완성입니다.

달걀 프리타타

프리타타는 달걀 반죽에 채소와 베이컨을 넣어 만든 이탈리아식 오믈렛입니다. 부드러우면서도 풍신풍신한 식감은 물론 취향에 따라 다양한 채소를 넣어 만들 수 있기 때문에 맛과 건강을 한번에 만족시킬 수 있습니다.

+ Ingredients

달걀 프리타타

달걀 6개
생크림 1/2컵
소금 1t
후춧가루 3꼬집
베이컨 3줄

토마토 1개
양파 58g
시금치 40g
파르메산치즈 2T
고형치즈 1/2컵

+ Cook's tip

- 레시피에 적힌 재료 이외에 다양한 채소를 넣어 만들어도 좋습니다.
- 달걀 반죽을 만들 때 달걀의 알끈을 제거해야 부드러운 식감의 프리타타를 만들 수 있습니다. 달걀을 체에 내려 사용해도 좋습니다.
- 오븐은 180℃로 예열해둡니다.

재료를 준비합니다.

볼에 달걀과 생크림, 소금, 후춧가루를
넣습니다. 이때 달걀의 알끈은 건져내
제거합니다.

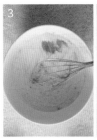

거품기로 반죽이 뽀얀 노란빛을 낼 때까
지 저어 달걀 반죽을 만듭니다.

베이컨과 토마토, 양파를 작게 자릅니다.

달군 팬에 베이컨을 넣고 노릇하게 볶은
다음 덜어둡니다.

베이컨을 볶은 기름에 양파와 토마토,
시금치 순으로 넣고 살짝 볶아줍니다.

시금치의 숨이 죽으면 5번에서 덜어둔 베이컨을 넣어 골고루 볶습니다.

달걀 반죽을 붓고 골고루 섞습니다.

파르메산치즈와 고형치즈를 올려 섞은 다음 약한 불로 계속 끓입니다.

팬의 가장자리가 살짝 익으면 180℃로 예열한 오븐에 넣고 15분간 구우면 완성입니다.

클라우드 에그

솜사탕인 듯, 뭉게구름인 듯. 눈으로 한 번 놀라고 식감으로 한 번 더 놀라는 클라우드 에그(Cloud Eggs)입니다. 말 그대로 풍신한 구름 속에 숨은 달걀요리로 간단한 브런치로 즐기면 아주 좋습니다.

+ Ingredients

클라우드 에그
달걀흰자 2개
달걀노른자 1개
곡물식빵 1장
설탕 1t
소금 1꼬집
후춧가루 1꼬집
파르메산치즈 1/2t

곁들임 재료
슬라이스치즈 1장
베이컨 2줄
샐러드 채소 1줌

+ Cook's tip

• 달걀은 흰자와 노른자로 분리해 준비합니다.
• 머랭에 달걀노른자를 올려 구울 때 노른자에 소금을 조금 뿌려도 좋습니다.
• 오븐은 185℃로 예열해둡니다.

재료를 준비합니다.

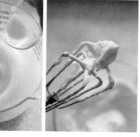

볼에 달걀흰자를 넣고 설탕을 두 번에 나눠 넣으며 머랭을 올립니다. 이때 핸드믹서를 중속에 두고 약 4분간 휘핑해 단단한 머랭을 만듭니다.

머랭에 소금과 후춧가루, 파르메산치즈를 넣고 머랭이 꺼지지 않도록 조심해서 섞습니다.

식빵 위에 머랭을 올리고 가운데를 숟가락으로 눌러 홈을 판 뒤, 달걀노른자를 올립니다.

185℃로 예열한 오븐에 넣어 3분 30초간 굽습니다.

구운 머랭 위에 슬라이스치즈를 잘라 올리고, 구운 베이컨과 샐러드 채소를 곁들이면 완성입니다.

에
그
인
헬

🍲 3인분　🍳 20분

아랍어로 '혼합하다'라는 뜻을 가진 에그 인 헬(Eggs in Hell)입니다. 다른 말로는 삭슈카(Shakshuka)라고 부르기도 하는데요. 토마토소스와 채소, 소고기, 치즈가 어우러져 풍미 가득한 맛을 느낄 수 있습니다.

+ Ingredients

에그 인 헬

달걀 4개	소금 약간
다진 소고기 1/2컵	후춧가루 약간
토마토 1개	토마토소스 1컵
양파 40g	우유 5T
청피망 25g	모차렐라치즈 1T
올리브유 1T	생 파슬리 2g
버터 1T	
다진 마늘 2T	

+ Cook's tip

- 토마토소스는 시중에 판매되고 있는 제품을 사용하면 되고, 취향에 따라 2컵까지 넣을 수 있습니다.
- 토마토소스와 소금은 입맛에 맞게 적당히 가감합니다.

재료를 준비합니다.

다진 소고기에 소금과 후춧가루를 넣고 골고루 버무려 밑간합니다.

토마토와 양파, 청피망을 작게 자릅니다.

달군 팬에 올리브유와 버터, 다진 마늘을 넣고 볶아 향을 낸 다음, 잘게 썬 양파를 넣고 볶습니다.

청피망과 밑간한 소고기, 토마토를 넣고 볶습니다.

소금과 후춧가루를 넣어 간을 맞춘 뒤, 토마토소스를 넣고 골고루 섞습니다.

우유를 넣고 섞은 다음 보글보글 끓입니다.

소스가 끓어오르면 달걀 4개를 서로 간격을 두고 올린 다음, 사이사이에 모차렐라치즈를 올립니다.

뚜껑을 덮어 약한 불로 줄인 뒤, 달걀이 익고 치즈가 녹을 때까지 끓입니다. 그 다음 생 파슬리를 올려 향을 내면 완성입니다.

건강한 집밥을 책임지는 80가지 레시피

뚝딱 한 상 차림이 되는 **감자 양파 두부 달걀**

초 판 발 행 일	2021년 01월 05일
발 행 인	박영일
책 임 편 집	이해욱
저 자	임정애, 이현정, 김지은, 김순희
편 집 진 행	강현아
표 지 디 자 인	이미애
편 집 디 자 인	신해니
발 행 처	시대인
공 급 처	(주)시대고시기획
출 판 등 록	제 10-1521호
주 소	서울시 마포구 큰우물로 75 [도화동 538 성지 B/D] 6F
전 화	1600-3600
팩 스	02-701-8823
홈 페 이 지	www.sidaegosi.com
I S B N	979-11-254-8702-9[13590]
정 가	23,000원

시대인은 종합교육그룹 (주)시대고시기획 · 시대교육의 단행본 브랜드입니다.

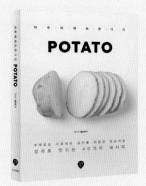

임정애 저 | 204쪽 | 14,000원

감자의 유래는 물론 감자의 종류와 좋은 감자를 고르는 방법, 감자요리에 곁들이면 좋은 음식을 소개하여 감자에 대한 이해도를 높였다. 국·찌개·탕, 반찬, 간식, 브런치 등 총 4개의 파트로 나눠 다양한 조리방법을 사용해 '감자' 하나만으로도 근사한 밥상을 차릴 수 있도록 도와준다.

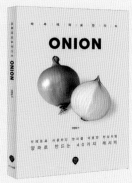

이현정 저 | 224쪽 | 15,000원

양파의 유래나 영양, 효능, 종류는 물론 양파 구입법, 보관법, 손질법, 양파와 어울리는 재료, 비밀레시피 등 양파에 대한 다양한 정보를 소개한다. 한 그릇 음식, 반찬, 간식&브런치, 저장요리&소스 등 총 4개의 파트로 나눠 다양한 조리 방법을 사용해 '양파' 하나만으로도 근사한 밥상을 차릴 수 있도록 도와준다.

김지은 저 | 208쪽 | 14,000원

두부의 유래와 영양&효능, 종류는 물론 두부 보관법과 손질법, 홈메이드 두부 제조법 등 두부에 대한 모든 것을 담았다. 집밥, 초대요리, 홈파티요리, 간식&브런치 등 총 4개의 파트로 나눠 다양한 조리방법을 사용해 '두부' 하나만으로도 근사한 밥상을 차릴 수 있도록 도와준다.

김순희 저 | 200쪽 | 14,000원

달걀의 유래와 영양&효능, 종류는 물론 달걀 구입법과 보관법, 기본 조리법 등 달걀에 대해 알고 있으면 도움이 될 정보들을 아낌없이 담았다. 한 그릇 음식, 반찬, 브런치, 세계 이색 요리 등 총 4개의 파트로 나눠 다양한 조리 방법을 사용해 '달걀' 하나만으로도 근사한 밥상을 차릴 수 있도록 도와준다.